ニュートリノで探る宇宙と素粒子●目次

ニュートリノで探る宇宙と素粒子

はじめに

この本には、「ニュートリノ」のことが書いてあります。

ニュートリノ？

そもそも読みはじめる前に、少しニュートリノのイメージを持っていないと、なんだか雲をつかむような感じで内容が頭に入りませんね。まず、本当に簡単に、ニュートリノを紹介しましょう。

ニュートリノは電子などと同じく「素粒子」の仲間です。

素粒子は大きく分けて、「物質のもとになっている仲間」「力を伝える仲間」、それから「素粒子に質量を与える仲間」があります（58ページの図2－13を見てください）。２０１２年に話題になった「ヒッグス粒子」は最後の分類です。

ごく大ざっぱに言うとニュートリノは、「電子から電荷と重さをはぎとった」ようなものですが、電子とちがって、私たちの身体のような「物質」をつくる粒子ではありません。私たちの身のまわりにあるあらゆる物質の原子は、電子と陽子と中性子（正確には電子と「アップクォーク」と「ダウンクォーク」と言うべきなのですが、ここでは深入りしません）で成り立っていますが、ニュートリノはそのような種類の粒子ではありません。しかしいま述べた三つの分類では、「物質のもとになっている素粒子」の仲間です。さっそくわけが分からない変な話ですね（これについては第2章で説明します）。

●ニュートリノがなければ私たちも存在しない

素粒子であるニュートリノが、とても小さいことは想像できますね。しかし実は、ニュートリノの大きさは分かっていません。水素原子の直径は約1億分の1センチメートル（今後このような大きさをあらわすときには、科学の世界の慣習に従って「10^{-8}＝10のマイナス8乗センチメートル」というふうに、10のべき乗で表現します）、水素原子の中心にある水素原子核、つまり陽子の大きさはおおよそ10^{-13}センチメートルです。原子核のまわりを回っている電子の大きさはというと、さまざまな実験の結果、10^{-17}センチメートルより小さいということだけが分かっています。同様に、ニュートリノの大きさも分かっていないのです。

陽子や電子を目で見たり触ったりできないように、私たちはニュートリノを触ったり、目で見たり直接感じることはできません。触れないし見えないし、そのうえ物質をつくってもいないなら、ニュートリノなんて純粋に学問の世界の存在で、自分たちには関係ないと思う方が多いかもしれません。しかし意外なことに、ニュートリノがなければ私たちは存在できないのです。一つの例で説明しましょう。

地球上の生物はすべて、太陽の光と熱によって生かされていると言えましょう。もし太陽がなかったら、地球表面の温度は太陽系のいちばん外側にある冥王星よりさらに下がり、生物はまず生きていかれません。その太陽のエネルギーは核融合反応によってつくられています。太陽中心の水素原子核が4個くっついてヘリウム原子核になるときに、膨大なエネルギーを放出するのです。もしニュートリノがなければ、この反応は起こりません。最初の核融合反応が点火しないからです（第4章でもう少しくわしく説明します）。つまり太陽は光り輝くことができません。ということは、地球に生命が誕生することはなく、私たちも存在していないでしょう。

思いがけないところでニュートリノと私たちがつながっていることを、分かっていただけたでしょうか。

●幽霊のような粒子

ニュートリノは1930年、ヴォルフガング・パウリによって予言されました。これまでに知られていない、電荷を持たず、また質量を持たないかあるいはきわめて小さな質量の粒子を仮定すれば、「原子核のβ（ベータ）崩壊」という現象がうまく説明できると、パウリは考えたのです。エンリコ・フェルミは1934年、この未知の粒子を「ニュートリノ」と名づけました。

1950年代になって、フレデリック・ライネスとクライド・コーワンがニュートリノをはじめて観測し、パウリの予言が正しかったことを証明しました。予言から観測まで4分の1世紀もかかったことから推測できるように、ニュートリノは観測するのがとてもむずかしい粒子です。なにかにぶつかっても止まったり曲がったりせず、地球すら貫通して飛んでいってしまうからです。つまり飛んできたニュートリノを直接見ることができないうえ、物質と反応させて飛んできた方向やエネルギー・質量などを調べることさえ、ほとんどできないのです。

たとえば太陽からやってくるニュートリノ1個を物質と反応させるには、地球を100億個程度縦に並べてニュートリノを通す必要があります。そのくらい大量の物質があってはじめて、反応が起こるのです。言い換えれば、1個の地球を100億個のニュートリノが通り抜ければ、そのうちの1個がたまたま地球の内部のどこかで反応することとなります（これは別に大げさな数字ではなく、ニュートリノは雨あられと地球に降り注いでいて、太陽から地上にやってくるものだけでも、1平方センチメートルあたり毎秒660億個もあります）。

しかしだからといって、地球全体をいつも見張っていて反応をチェックすることなどできません。代わりに、決まった場所に大量の物質を用意して注意深く観測していれば、いつかは反応を捕まえる機会があるはずです。本書でくわしく紹介する「スーパーカミオカンデ」という装置は、岐阜県飛騨市神岡町の鉱山の地下深くにつくられた、直径約40メートル高さ約40メートルの水槽を5万トンの水で満たした、大がかりなものです。この装置で、ニュートリノが、水中の陽子や中性子や電子と反応したときに発生する「チェレンコフ光」を観測することができます。

こんな幽霊のような粒子は、苦労して観測なんかしないで放っておけばよいような気もします。

にもかかわらず、大がかりな装置を使ったニュートリノ研究が世界のあちこちでつづけられているのは、ニュートリノが宇宙で起こったさまざまな事件の情報を、私たちに伝えてくれるからです。

●ニュートリノは情報屋

たとえば、突然あらわれて明るく輝き、やがて消えてゆく「超新星爆発」。「新」という呼び名とはうらはらに、太陽の何倍も重い星が一生を終えるときの最後の姿です。この爆発のエネルギーの99％はニュートリノとして放出され、地上の実験室では絶対に再現できない、大量の物質が超高温・超高密度になったときの情報を、そのまま持って地球にやってきます。

あるいは太陽の中心部。核融合反応でつくられたニュートリノは、ほとんどなにものにも遮られずにまっすぐに飛んで、約8分後には地球に到達し、中心部の様子を直接伝えてくれます。同じく核融合反応でつくられた波長の短い光（γ＝ガンマ線）は、数十万年かかって太陽の表面にたどり着くまでに、電子などと何度も衝突して反応を繰り返すため、エネルギーを失ってより波長の長い可視光に変わっています。つまり、望遠鏡で観測できる太陽表面の活動をいくら観測しても、中心部の核融合について知ることはできません。

ニュートリノがいちばんたくさんつくられたのは、宇宙の始まりすなわち「ビッグバン」のときと考えられています。宇宙空間は開闢以来、すみずみまでニュートリノで満たされていると言ってよいでしょう。ニュートリノは宇宙でいちばんたくさんある、もっともありふれた粒子なのです。「宇宙マイクロ波」は、ビッグバンから約40万年後以来宇宙を飛び交っている波長の短い電波で、ここから得られる「ビッグバンから約40万年後」の情報が、現在の私たちにとっていちばん古い宇宙の情報です。もし、宇宙を満たすニュートリノを観測することができたら、私たちは宇宙マイクロ波の観測よりもさらにビッグバン直後にまでさかのぼる情報を手に入れることができます。しかし残念ながら、このニュートリノはエネルギーが低すぎて、いまのところその観測方法すら分かっていません。

●本書の構成

さて、ニュートリノ研究は１９３０年代以来いまに至る歴史を持っていますが、本書ではそのすべてを網羅(もうら)することは想定していません。主に１９８０年代の半ば以降、現在につながるニュートリノ研究、中でも特に世界の研究に果たした役割が大きかった、岐阜県飛驒市神岡町の鉱山の地下で行われてきた研究を中心に書いていきます。私も大学院生の頃から、この研究にかかわってきました。１９８７年、史上はじめて私たちの太陽系の外から飛んできた「超新星ニュートリノ」を観測したのは、「カミオカンデ」という実験でした。２００２年に小柴昌俊博士がノーベル物理学賞を受賞したのは、主にこの業績によってです。また、さきほど少し紹介した「スーパーカミオカンデ」では、「質量がないかあるいはきわめて軽い」と考えられてきたニュートリノに「質量がある」ことを、世界に先駆けて発見しました。１９９８年に岐阜県高山市で開かれたニュートリノ国際会議で、私は研究グループを代表して、この成果を発表する機会に恵まれました。

ニュートリノ研究は、まず理論がその存在を予言し、それを実験が確認して出発しました。これとは逆に、実験から予想されなかったような結果が得られ、それを説明するために新たな理論が生まれることもあります。科学はこのように、理論と実験が手を携えて発展していくのが常です。理論と実験はいわば、車の両輪にたとえられます。にもかかわらず一般向けの科学の本には、理論に重心を置いた書き方のものが多いような気がします。私は実験を専門にしているので、この本は実験に重心を置いて書いていきたいと思います。

まず第1章では、それまでの物理学では説明できなかったミクロの世界の出来事を無理なく記述する「量子力学」が登場するまでを簡単におさらいします。

第2章では、物質の究極の構成要素は「クォーク」と「レプトン」であると考えられるようになった、この数十年の流れを解説します。「クォーク」と「レプトン」には、「世代」と名づけられる秩序があることも分かっています。

さきほど、ニュートリノはビッグバンでつくられ、超新星爆発でつくられ、また太陽でもつくられていると書きました。地球で観測されるニュートリノは、他にもあります。宇宙のどこかで生まれて地球に降り注ぐ宇宙線（成分は主に陽子）が、地球の大気と反応してつくられる「大気ニュートリノ」です。第3章では、初期の大気ニュートリノの観測のこと、もともと「陽子崩壊」という現象を観測するためにつくられたカミオカンデが、実験にとって邪魔者である大気ニュートリノを観測するに至る経緯を説明します。

第4章では、１９６０年代から始まった太陽ニュートリノの観測について述べます。方法の異なる二つの実験（一つはカミオカンデです）が、実際に観測されるニュートリノの数が理論値と大きく食い違っていることを報告しました。この問題の最終的な決着は、21世紀まで持ち越されました。また、研究者の卵だった私も参加した、カミオカンデ建設現場のエピソードも紹介します。

カミオカンデを一躍有名にしたのは、さきほども述べた１９８７年の超新星ニュートリノの観測です。第5章で解説します。

第6章では、カミオカンデのもう一つの代表的な成果「大気ニュートリノ異常の発見」が、スーパーカミオカンデで「ニュートリノ振動の発見」として結論づけられ、最初は懐疑的であった研究者の間で受け入れられ、さらに他の実験でも確かめられるまでを紹介します。

第3章で初期の観測を紹介した宇宙線が、宇宙のどこで生まれ、どのようにして高いエネルギーにまで加速されるのか、その仕組みはまだ、十分には解明されていません。しかしニュートリノを使った観測で、分かってきたこともあります。南極の氷を利用した大がかりな実験を、第7章で紹介します。

第8章では、第4章で問題提起した太陽ニュートリノ問題が30年の時を経て決着するまでを解説します。そのためには、理論におけるブレイクスルーと、いくつかの精密な実験が必要でした。

「地熱」という言葉はご存じと思います。温泉は地熱で温められたもの、「地熱発電」の試みもあります。地熱の熱源については、2種類が考えられてきました。一つは、地球ができたときの原始の熱がまだ残っていて放出されているというもの、もう一つは、地中の放射性物質が崩壊するときの熱だというもの。最近、カミオカンデの跡地につくられた「カムランド」という実験（第8章の太陽ニュートリノ問題の解決にも、大きな貢献をした実験です）が、地球の内部から飛んでくるニュートリノを観測して、地熱の約半分が放射性物質に由来することを明らかにしました。残りの約半分が、原始の熱ということです。第9章で紹介します。

第10章では、ニュートリノの質量が他の素粒子に比べて極端に軽いことの意味を、ごく簡単に紹介します。もしかするとその背後には、まだ私たちの知らない重たい粒子や高エネルギーでの素粒子の法則が隠されているのかもしれません。また、かつて宇宙を満たす謎の物質ダークマターはニュートリノかもしれないと考えられていましたが、どうもそうではないようです。ダークマターは相変わらず、正体不明のダークマターでありつづけています。

第11章では、いま行われている「ニュートリノ振動」を調べる実験と、検討されている実験を概観します。宇宙の始まりには、私たちの世界をつくっている物質と「反物質」が同じだけつくられたはずです。それなのにいま、宇宙には反物質がほとんど残っていません。この謎を解く鍵を握っているのはニュートリノかもしれないのです。

このように見てくると、電気的に中性で物質とほとんど反応しないというニュートリノの性質を利用して、理解が進む宇宙の現象が、実にたくさんあることが分かります。

かくいう私も、ニュートリノ研究に足を踏み入れて30年以上になりますが、まだまだ知らないことや、あやふやな知識があります。もしかすると細かい部分に間違いがあるかもしれません。また、教科書として書いているのではないので、厳密な正しさではなく、「自然科学の知識があまりない人にも直観的に理解できること」を大切にしています。あまり細かいことにはこだわらずに、ニュートリノが教えてくれる宇宙の来し方とこれからの、大筋を理解していただければ幸いです。

第1章　ミクロの世界に分け入る

アイザック・ニュートンが運動の法則と万有引力の法則を発見したのは17世紀のこと。日本では、江戸時代のはじめにあたります。ニュートンのすごいところは、天空の星の運動と地球上のリンゴなどの物体の運動が同じ自然法則に従っていること、つまり天空も地上も同じ物理法則に従っているのを発見したことです。天空と地上の法則を統一したと言ったら言い過ぎでしょうか。

ニュートンの発見とは異なりニュートリノは、私たちの目に見える自然現象を観察していて直接発見されたものではありません。身近な現象から物質をつくる分子や原子、さらに分子や原子を構成する素粒子など、ミクロの世界へと私たちの自然理解が深まっていったとき、「原子核のβ崩壊」という現象の説明にどうしても必要になったために「苦肉の策」として考え出されたものです。前にも述べたように、実験で観察され、本当に存在することが分かったのは、ずっと後になってからでした。

ここからは、物理学の歴史を少しさかのぼって、どうして自然を説明するために、幽霊のようなニュートリノが必要になったのか、そのいきさつを見ていきましょう。

●電気と磁気の統一

電気は、いまでは私たちの生活になくてはならない存在です。

磁石に鉄を近づけるとくっつくことは、誰でも知っています。

電気と磁気は、かつては特に関係のない現象と思われていました。しかし1820年、ハンス・クリスチャン・エルステッドは、電流を流すと、導線の近くに置いてある方位磁石のN極が北ではない方向を示すことを発見しました。エルステッドはさらに研究を進めて、電流を流すと導線のまわりに円形の磁場がつくられ、その影響を受けて方位磁石の指す向きが変わっていたことを突き止めました。この段階で、電気と磁気にはなんらかの関係があることが分かったのです。

それから間もなく、アンドレ＝マリ・アンペールはエルステッドの発見をさらに発展させ、「アンペールの右ネジの法則」【図1－1】などを発見しました。電流の方向を右ネジ（時計回りに回すと奥に進むネジ）の進む方向とすると、磁場が右ネジの回る向きに生じるというものです。こうなってくると、電気と磁気はすごく関係が強いことが明らかですね。ご存じのとおり、アンペールの名前は電流の単位（アンペア）として広く使われています。

1831年にはマイケル・ファラデーが、「電磁誘導の法則」を発見しました。ファラデーは、

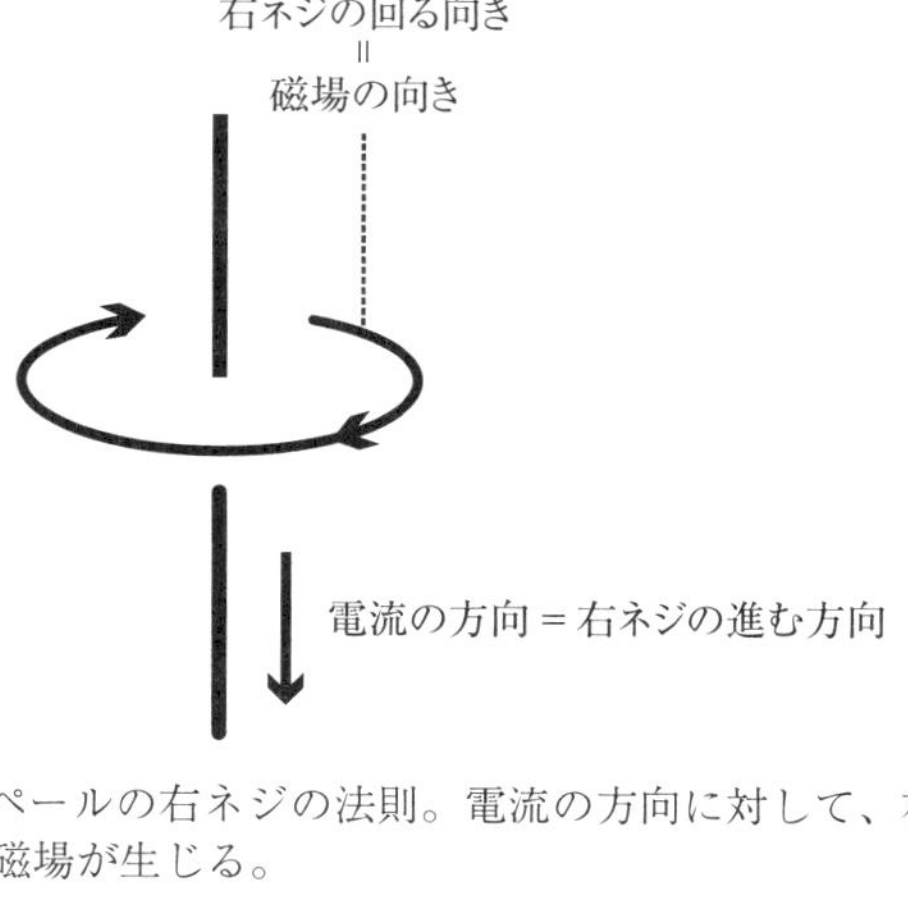

図1-1　アンペールの右ネジの法則。電流の方向に対して、右ネジの回る向きの磁場が生じる。

電流から磁気がつくれるのなら、逆に磁気から電流がつくれないだろうかと考えたそうです。ファラデーはまず、鉄のリングの2箇所にコイルを巻きつけて片方に電流を流すと、もう片方のコイルにも電流が流れることに気づきました［図1－2右］。電流によって起こった磁気の変化によって、電流がつくれたということです。さらに、コイルの中に磁石を出し入れすると電流が流れることも観察しました［図1－2左］。こちらも、磁気が変化すると電流が流れることを示しています。アンペールやエルステッドの発見は、電気が磁気を生むというものでしたが、ファラデーの発見は彼が予想したとおり、磁気の変化が電気を生むというものです。こうして電気と磁気は、どちらかが原因でどちらかが結果というのではなく、密接に関係し合っていることが明らかになったのです。

なお、電磁誘導は現在のＩＨヒーターの動作原理となる法則です。大ざっぱに言うと、ＩＨヒーター

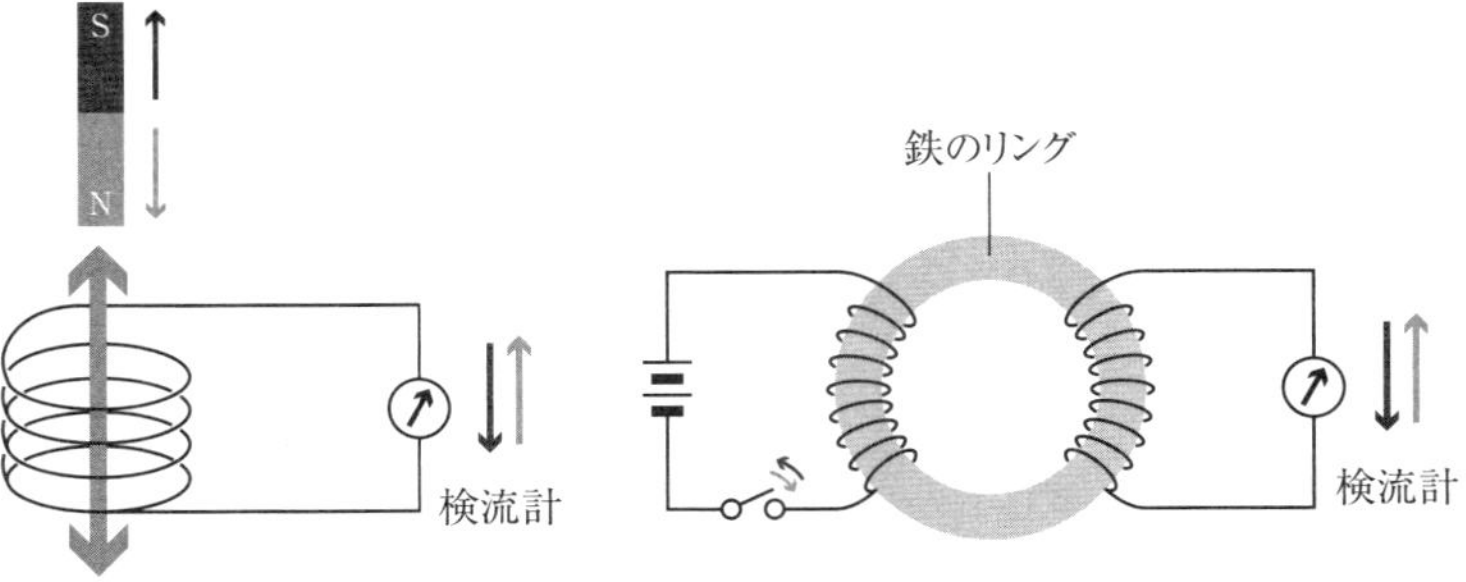

図1-2　電磁誘導の実験。左：コイルの中に磁石を出し入れすると、コイルに電流が流れ、検流計の針が振れる。右：スイッチを入れて、鉄でできたリングに巻きつけた片方のコイルに電流を流すと、もう片方のコイルにも電流が流れ、検流計の針が振れる。「パワーアカデミー」ホームページ「世界初のモーターとファラデー」の図をもとに作成。

の中にあるコイルに交流電流を流すと磁場が発生します。この上に金属の鍋を置くと電流が発生し、電気抵抗で鍋が発熱するというものです。

これらの発見を経て、１８６４年にジェームズ・クラーク・マクスウェルは、大学の電磁気学の授業で習う「マクスウェルの方程式」を導きました。これまでに分かっていた電気と磁気の関係を整理して、四つの方程式であらわしたのです。この理論ではじめて、電気と磁気の現象が統一的に理解され、「古典電磁気学」が完成しました。

この理論は、単にこれまでの実験事実を説明するだけでなく、新たに「光の速度で伝わる電磁波」の存在を予言していました。四つの方程式からマクスウェルは、電気と磁気が一体になって伝わる波が存在すること、理論から導かれるその速さが、実験で分かっていた「真空中を伝わる光の速度」と同じであることを示したのです。つまりマクスウェルは、光が現在「電磁波」と呼ばれている波の一種であることを証明したのです。１８８８年、電磁波を実験で確認したのは、周波数の単位に名前を残すハインリヒ・ヘルツです。

電磁波は波長の長いほうから、電波・赤外線・可視光・紫外線・X線・γ線などと呼び分けられていて、波長によって性質（物質との反応の仕方）がかなり異なっています。電磁波のうち、私たちが目で見ることができるのは、可視光だけです。目には見えないけれど、ラジオやテレビの電波は身近な存在ですね。太陽光線のうち、可視光より波長の長い赤外線は熱さの原因です。可視光でいちばん波長が長いのは赤い光、波長が短くなるにつれてオレンジ、黄色、緑、青と色が変わっていき、いちばん短いのが紫色の光です。もっと波長の短い紫外線は日焼けの原因です。さらに波長の短いのがレントゲン撮影に使われるX線、X線よりもっと波長の短いのがγ線です。同じ仲間とはとうてい思えませんが、すべて電磁波なのです。いまでは電磁波のあらゆる波長域が、さまざまな技術に応用されています。

19世紀の終わり頃には、ニュートンの運動の法則と万有引力の法則、そしてマクスウェルの電磁気の法則で、自然現象は基本的には説明可能だと、広く思われていました。

●光はどうして伝わるのか

しかし、本当にすべての観測や実験結果が説明できていたかというと、そうでもありません。まず、電磁波の「媒質（ばいしつ）」の問題がありました。太陽や月の光は、どうやって宇宙空間を伝わって地球にやってくることができるのでしょうか。たとえば、湖面に波が立つのは、水があるからです。音

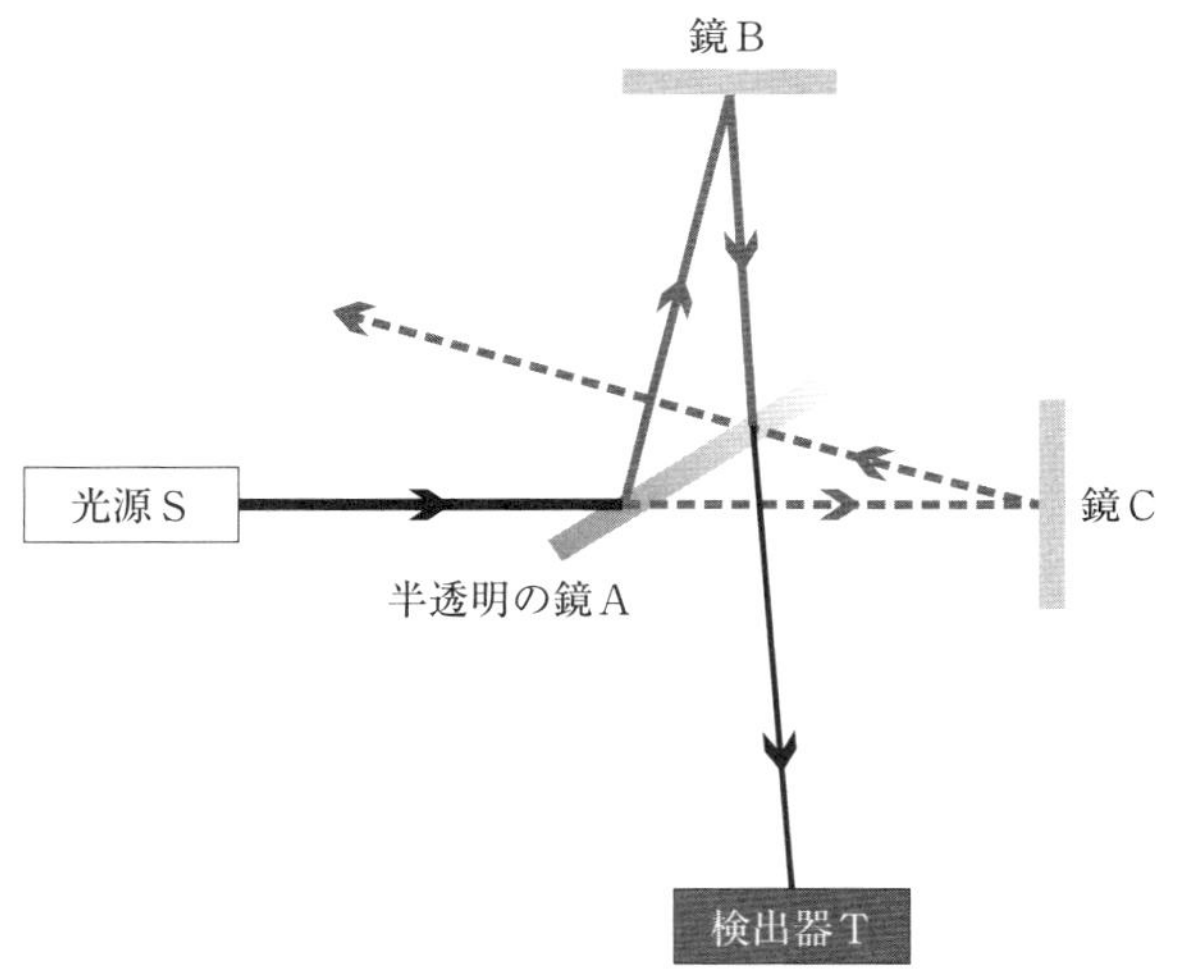

図1-3　マイケルソン・モーリーの実験。光源Sから出た光を、半透明の鏡Aで、鏡Bに向かうものと鏡Cに向かうものに分ける。それぞれの光が、ふたたびAを経由して検出器Tに集まるようにして、それぞれが要する時間を計った。

が伝わるのは空気があるからです。同じように電磁波が伝わるときにも、なにか空間を埋め尽くしている媒質が必要な気がします。これが「エーテル」と呼ばれたものでした。

仮にエーテルが宇宙空間を満たしていて、かつエーテルが全体として止まっているとしましょう。地球はエーテルをかきわけて太陽のまわりを回っていることになり、したがって地上では「エーテルの風」が吹いているはずです。となると、電磁波の速さは、エーテルの風に向かって進んでいるときには遅く、逆に追い風のときには速くなるのではないでしょうか。

これを確かめようと、アルバート・マイケルソンとエドワード・モーリーは1887年、巧みな実験を行いました［図1―3］。まず、同じ光源Sから出た光線を、半透明の鏡Aを使って、それぞれAから等しい距離にある鏡Bと鏡Cに向かうように分け、さらにふたたび鏡Aによって光を「干渉」させ、検出器Tで観察します。Bに向かう光とCに向かう光では、エーテルの風に対する向きが異なるので、風の影響を受けて、S→A→B→A→Tに要する時間とS→A→C→A→Tに要する時間には差があるはずです。この差を、二つの波が重なり合ったときに打ち消し合ったり増幅したりする「干渉」という現象を利用して、観察しようとしたのです。しかし、異なった経路の光の速さが異なることを示す現象は、なにも起こりませんでした。もっともらしく思える「エーテル仮説」ですが、どこか間違っているのでしょうか。

●原子はなぜ安定なのか

ミクロの世界の出来事にも、いままで知られていた自然法則では説明不可能なことがありました。19世紀の終わりから20世紀にかけて、直径10^{-8}センチメートルくらいしかない原子の内部にも構造があることが分かってきました。まずJ・J・トムソンが、原子を構成する、負の電荷を持つ粒子（電子）を発見しました。さらにジャン・ペランは「核―惑星モデル」、長岡半太郎は「土星型原子モデル」によって、正の電荷を持つ原子核のまわりを電子が回っているモデルを提案しました。またアーネスト・ラザフォードは、原子核がペランや長岡の予想よりはるかに小さく、その小さな領域に原子のほとんどの質量が集中していることを突き止めました。

ラザフォードは1911年、ハンス・ガイガーらとともに、「α（アルファ）線」（ラジウムなどの放射性物質から放出されるヘリウムの原子核）を金の薄い箔（はく）に当てる実験を行いました。ほとんどの場合 α 線は金箔を通過していくのですが、たまに大きく跳ね飛ばされるものがあります。これをどう解釈すればよいのでしょうか？　ほとんどの場合素通りするのですから、ほとんどのところにはなにもなく、たまに大きく跳ね飛ばされる場合があるということは、電荷を持った重い粒のようなものがあって、その近くを α 線が通ろうとしたとき、電気的な反発力で大きく跳ね飛ばされると考えれば、矛盾がありません。この電荷を持った重い粒が原子核です。この「ラザフォードの実験」のように、高エネルギーの粒子を標的に当てて内部を知る実験の方法は加速器実験に引き継がれ、その後の原子核や素粒子物理学の標準となりました。

しかしこのような原子モデルを、古典力学や古典電磁気学では説明できないのです。

まず、どうして電子が原子核のまわりをいつまでも回っていられるのかが分かりません。マクスウェルの電磁気の法則によれば、原子核のまわりを回る電子は、電磁波を出しながら運動エネルギーを失い、原子核に落ち込んでしまうはずです。このような現象が本当に起こっているとしたら、私たちの身のまわりにある物質がたいへん安定しているのを、どう説明したらよいのでしょう。

また、仮に電子が原子核に引き寄せられてゆくとすると、そのときに出す電磁波の波長は、原子核に近づくにつれて次第に短くなっていくというのが、マクスウェルの方程式から得られる結果です。これも実験で観察された事実と異なっていました。特定の物質の原子は特定の波長の光しか出さないことが、19世紀半ば以降の実験で分かっていたのです。

文字だけだと、ちょっと分かりにくいですね。図で説明しましょう。太陽から来る光をプリズム

紫　赤

図1-4a　太陽光線によってつくられた連続スペクトルの例。モノクロの図では分かりにくいが、紫から赤まで、連続的につながっている。資料提供：『宇宙スペクトル博物館』より。乗本祐慈（国立天文台岡山天体物理観測所）、粟野諭美（岡山天文博物館）、国立天文台岡山天体物理観測所。

図1-4b　水素原子の線スペクトルの例。特定の波長の光だけを出していることが分かる。ウィキペディア「バルマー系列」の図を転載。

を通して分解すると、虹のように連続した色の帯になります［図1-4a］。無色透明に見えますが、太陽光はさまざまな波長の光を含んでいるのです。このような帯を「連続スペクトル」と呼びます（これを発見したのもニュートンです）。

もう一つ、「線スペクトル」と呼ばれる現象があります。特定の原子（図1-4bでは水素原子）の出す光を、やはりプリズムを通して分解すると、特定の波長の部分だけに細い線があらわれます。つまり、原子が決まった波長の光しか出していないことを示しています。線スペクトルは原子によってはっきり特徴があるので、なんだか分からない原子の出す光の波長を調べれば、物質を特定することができます。

マクスウェル方程式で導かれる、「次第に原子核に落ち込んでいく電子」のスペクトルは、「連続スペクトル」のはずです。しかし原子が出す光を調べて観察されるのは「線スペクトル」です。いったいどういうことなのでしょう。

このような現象を説明したのが、「量子力学」でした。量子力学によって、ミクロの世界が、はじめて無理なく理解できるようになったのです。１９２５年頃のことです。

●量子の登場

「量子」とは耳慣れない言葉です。

電子、陽子などとちがって、量子は特定の粒子の名前ではありません。「小さなひとかたまりの単位」というほどの意味です。

量子という考え方をはじめて物理学に持ち込んだのは、マックス・プランクです。

プランクは、「熱した物質の温度とその物質が出す光の色」の関係を説明するためには、「光のエネルギーは小さなかたまりである」と考えると都合がよいことに気づきました（と、多くの本などで書かれているのですが、プランク自身はこの考えを受け入れるのに躊躇（ちゅうちょ）したというような報告もあります）。１９００年に発表されたこの説を、「エネルギー量子仮説」と呼びます。

黒い物体を熱すると、温度が上がるにつれて、最初は赤かったのが黄色くなり、さらに白っぽくなります。これは温度が上がるにつれて、私たちの目に見える光の色、つまりその物体の出している「いちばん強い光の色」が赤→黄色……と変わる、すなわち波長が次第に短くなるからです。この光のスペクトルをどの温度で調べても、光の強さはある波長で頂点に達し、その後、急に弱まってしまいます［図1－5］。なぜそうなるのか、当時の理論では説明できませんでした。

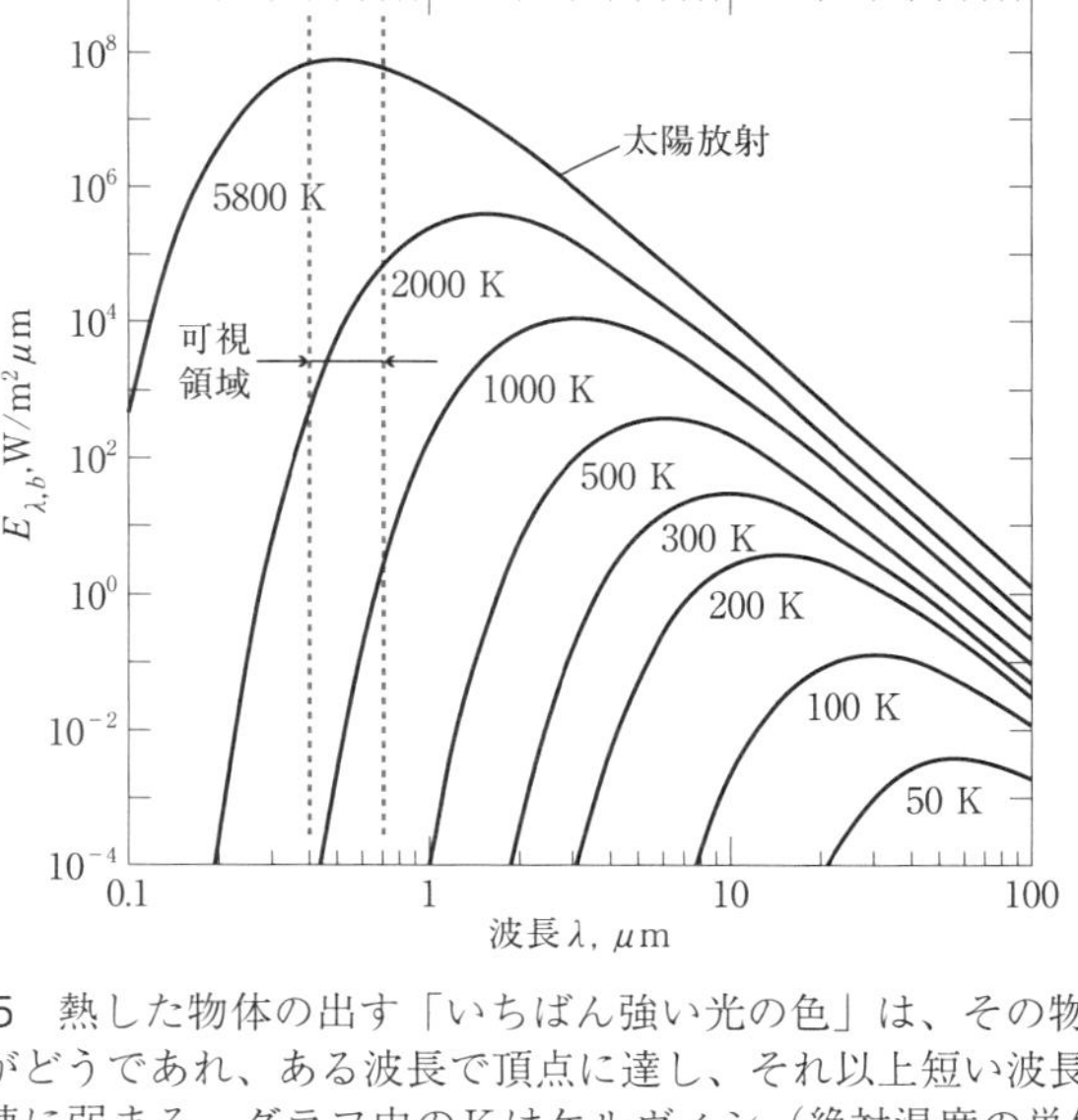

図1-5　熱した物体の出す「いちばん強い光の色」は、その物体の温度がどうであれ、ある波長で頂点に達し、それ以上短い波長の光は急速に弱まる。グラフ中のKはケルヴィン（絶対温度の単位）。縦軸は、「光の強さ」と考えてよい。庄司正弘『伝熱工学』（東京大学出版会、1995年）の図をもとに作成。

プランクのおかげで、いまではこの現象をきちんと説明できるようになっているのですが、ここでは、話をさきに進めるために、ある一定の波長を持つ光のエネルギーは連続ではなく、「とびとびの値」をとる「かたまりのようなもの」であることだけを述べるにとどめます。

量子という画期的な考え方は、このようにして登場しました。しかしプランクは、「光は粒子である」とはっきり主張したわけではありません。プランクの仮説を発展させて、「光はエネルギーを持った粒子である」とはじめて唱えたのは、アルバート・アインシュタインでした。「光量子仮説」と言います。1905年、特殊相対性理論に先立つこと3カ月でした。

現在、「エネルギーを持った光の粒子」は「光子」と呼ばれています。光が粒子だと考えると、光の媒質の問題は自ずと解決されます。粒子なら、たとえエーテルがなくても、真空である宇宙空間を伝わることができるからです。

実は光に粒子のような性質もあることは、ニュートンの時代から言われていました。光がなにかにぶつかったときに遮(さえぎ)られてできる影は、光が粒子だと考えると理解できます。もし波だとすると、流れの中に立てた杭(くい)などの後ろに波が回り込むのと同じように、光は障害物の後ろに回り込み、くっきりした影はできないはずです。このような性質を「回折(かいせつ)」と呼びます。しかし一方、光が波であることは、二つの波が重なるときに、増幅したり打ち消し合ったりする「干渉」という現象から明らかです。

光は波なのか粒子なのか。このことをめぐっては、永年にわたって論争がつづいていました。そして19世紀末の電磁波の発見によって、いったん「波」で決着したはずでした。しかしここにきて、光はどうやら、「波の性質と粒子の性質を兼ね備えているらしい」ことが分かってきたのです。

●ミクロの世界の奇妙な原理

量子という考え方を持ち込むことによって、光が真空中を伝わることについては決着がつきました。でもまだ、ミクロの世界の出来事は説明されていません。復習すると、「原子核のまわりを回る電子は電磁波を出し、次第にエネルギーを失って原子核に吸収されてしまうはずだ。それなのに、どうして安定した軌道を保っていられるのか」「どうして原子は特定の波長の光しか出さないのか」が、まだ解き明かされていない疑問でした。

これを型破りな発想で説明したのは、ニールス・ボーアの原子モデルでした［図1－6］。

1913年にボーアは、「円運動する電子は電磁波を出しながらエネルギーを失う」という、マクスウェルの方程式に基づく仮定をとりあえず棚上げして、「電子は原子核のまわりのどこにいてもよいわけではなく、決まった軌道だけを動く」「この軌道上を動いているときには、電子は電磁波を出さない」「別の軌道に飛び移るときに、電子は電磁波を出したり吸収したりする」という新しい仮定に基づいたモデルを示しました。

念のために付け加えると、ボーアはこの仮定を好き勝手に思いついたわけではありません。ちゃんと、プランクのエネルギー量子仮説やアインシュタインの光量子仮説をもとに組み立てています。

さて、このモデルで、水素原子が特定の波長の光しか出さないことが説明されました。電子は外側の軌道を回っているときのほうがエネルギーが高く、外側から内側の軌道に飛び移るときに、エネルギーの差を電磁波として放出します。放出できる電磁波の波長は、たとえば図1－6のn＝1とn＝2とかn＝1とn＝3の差に限られる、と考えればよいのです。

こうして、ミクロの世界の出来事も解決しました……いや、どうして円運動する電子が電磁波を放出するのかは、この時点ではまったく解決していませんが、こう仮定すれば辻褄（つじつま）が合うことが分かりました。

その後1920年代に、ルイ・ド・ブロイは「電子（に限らず物質）は波の性質を持っている」

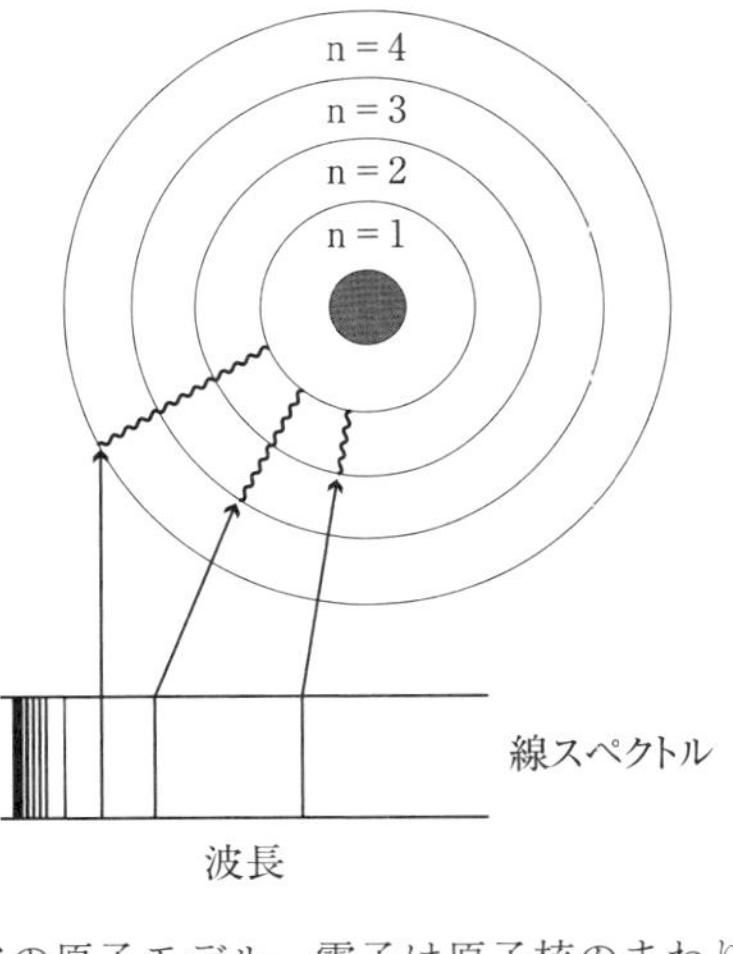

図1-6　ボーアの原子モデル。電子は原子核のまわりの決まった軌道上（図では n = 1、n = 2、n = 3、n = 4）にしかいることができない。電子が外側の軌道から内側の軌道に飛び移るとき、それぞれの軌道のエネルギーの差を電磁波として放出する。

ことを提唱しました。アインシュタインが「光は粒子である」と唱えたのと逆の発想ですね。こう考えると、ボーアの原子モデルで、電子が電磁波を出さずに決められた軌道上の円運動をつづけられることが、説明できます。電子が波であるなら、波長があるはずです。そしてその波長は、電子のエネルギーに応じて決まります。しかし勝手な波長を持っていたのでは、波が打ち消し合って消えてしまい、原子核のまわりを何回も回ることはできません。ある都合のよい波長を持ったときだけ、その波長＝エネルギーに応じた軌道上にずっといられるというわけです。

ド・ブロイの物質波の考えとほぼ同時期に、ヴェルナー・ハイゼンベルクとエルヴィン・シュレーディンガーは、形式は異なっていましたがともに、物質波の形や伝わり方をあらわす理論を発表しました。これらの理論によって、量子力学の基礎が完成したのです。

量子力学が明らかにしたミクロの世界の姿は非常におもしろいものですが、あまり深入りしていると、この本のテーマであるニュートリノがいつまでたっても登場できませんから、この辺で切り上げることにしましょう。

量子という考え方は光の研究から生まれた、と書きました。それが原子の構造を理解するために再登場し、そしてこのとき以来今日に至るまで、量子力学は物理学の基礎になる理論です。しかしだからといって、ニュートンの古典力学やマクスウェルの古典電磁気学の意味がなくなってしまったわけではありません。私たちの目に見える世界の現象を理解し、記述するための十分有効な理論として、さまざまな分野で活用されています。

第2章　素粒子の三つの世代

第1章では、量子力学が斬新な考え方で、私たちから見て奇妙奇天烈(きみょうきてれつ)なミクロの世界の法則を明らかにしたことを述べました。この章では、そのような見えない世界を調べる実験の方法が開発され、それとともにこれまで知られていた電子・陽子以外の粒子が続々発見されたこと、多種多様な粒子を分類・整理する試みが、「素粒子」の考え方を劇的に変えたことを説明します。物質の究極の構成要素はそれまで考えられてきた陽子や中性子ではなく、それぞれ3世代ある「クォーク」と「レプトン」である、というのが現在の理解です。ニュートリノは、レプトンに分類されています。

●ニュートリノが必要になったわけ

量子力学でもうまく説明できなかった現象が、「はじめに」で触れた「原子核のβ崩壊」という現象です。

原子核は正の電荷を持つ陽子と電荷を持たない中性子が狭い空間にぎゅっとつまったようなもので、そのまわりを負の電荷を持つ電子が、飛び回っています（細かいことにこだわるなら、これは現在の理解です。中性子は１９２０年にアーネスト・ラザフォードが予言し、１９３２年にジェームズ・チャドウィックによって観測されたものなので、科学者たちがβ崩壊のことを考えはじめた時点ではまだ、発見されていませんでした。この頃原子は、陽子と電子からなると考えられていました）。

ある種の原子核は不安定で、あるとき電子を放出して別な物質の原子核になります（放出された電子が、第3章で説明するβ線です）。たとえば、３重水素（^{3}H＝ふつうの水素原子核は陽子1個からなるが、それに加えて中性子2個を持つ）はβ崩壊して、ヘリウム３（^{3}He＝原子核は陽子２個と中性子1個で、ふつうのヘリウムより中性子が1個少ない）になります。年代測定に利用される炭素14（^{14}C＝原子核は6個の陽子と8個の中性子）はβ崩壊して、窒素14（^{14}N＝原子核は7個の陽子と7個の中性子）になります。このように、ある粒子が自然に壊れて別な複数の粒子ができることを「崩壊する」と言います。

β崩壊は、止まっている原子核が電子1個と別の物質の原子核に分かれる反応と考えられていました。崩壊の後、別の原子核と電子が観測されたからです。しかし変なことも観測されて、科学者を悩ませていました。放出された電子のエネルギーが、崩壊ごとに異なっているようなのです。

もともとの原子核をA、崩壊でできる原子核をB、放出される電子をeとしましょう［図2－1

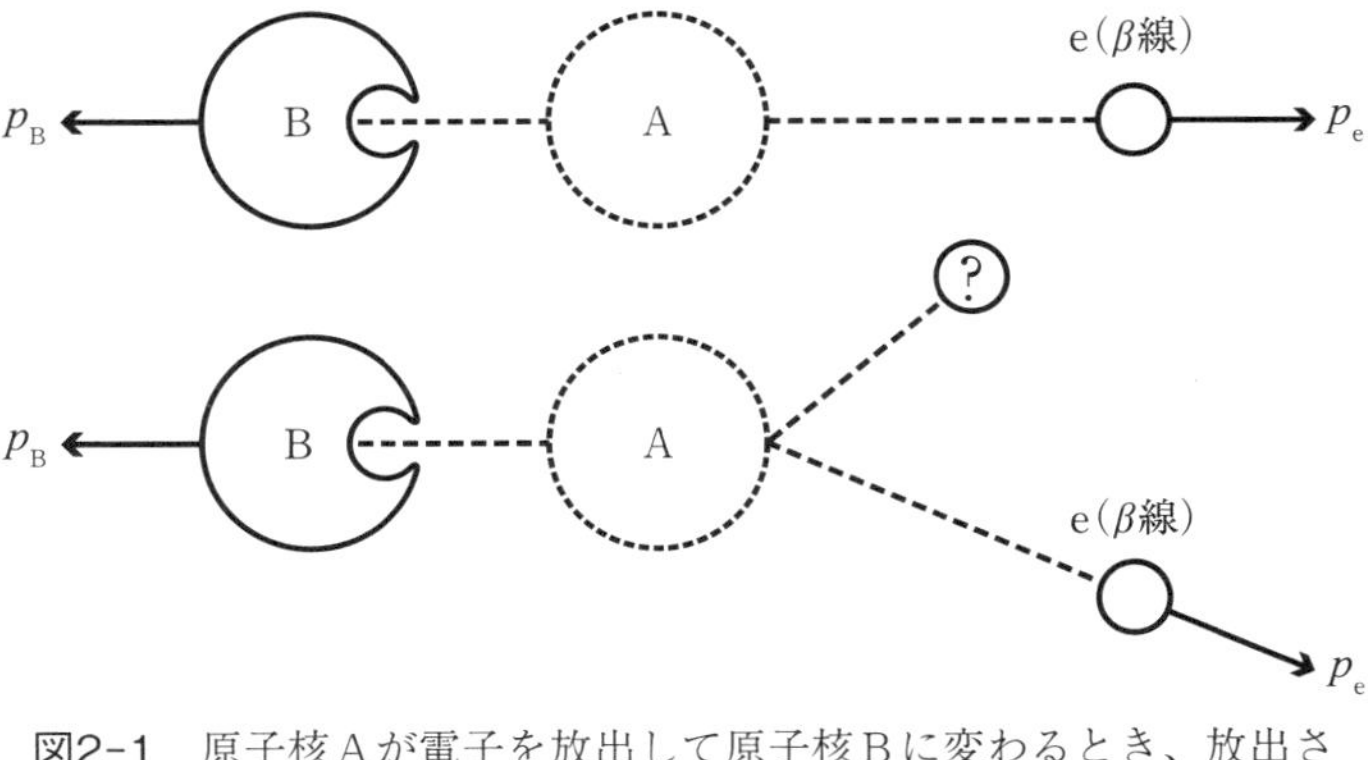

図2-1　原子核Aが電子を放出して原子核Bに変わるとき、放出された電子eと原子核Bの運動量（p_eとp_B）は、向きが逆で大きさが等しくなければならない。原子核Bと電子eの運動量の合計は、止まっていた原子核Aの運動量と同じ0でなければならないからだ。もし、原子核Aが原子核Bと電子e、未知の粒子に崩壊するとしたら、電子eの運動量p_eが崩壊ごとに異なっている現象を説明できる。戸塚洋二『地底から宇宙をさぐる』（岩波書店、1995年）の図を参考に作成。

上」。崩壊の前後で、エネルギーと運動量はともに保存されていないといけません。これは物理学の基本です（運動量という言葉になじみがなければ、速度あるいは速さと思ってください。エネルギーと運動量はまったく別物ですが、エネルギーが大きければ運動量も大きいと、ごく大ざっぱには言えます）。もし電子eがある運動量p_eで放出されたとすると、崩壊で生まれた別な原子核Bは、反対方向に電子eと同じ運動量p_Bで放出されるはずです。なぜなら、もともと止まっていた原子核Aの運動量は0なので、Bとeの運動量の合計は、「運動量保存則」に従って0にならなければいけないからです。

電子eのエネルギーが一定ではないという実験結果は、電子eの運動量（と原子核Bの運動量）も一定ではないことを示しています。ということは、崩壊で生まれた電子eと原子核Bのエネルギーの合計は、崩壊ごとにちがうことになります。これではエネルギーが保存していません。なにかおかしいですね。

ニュートリノはこの問題の解決のために、1930年にヴォルフガング・パウリによって仮想的に導入された粒子です。パウリは、原子核は電子eと別な原子核Bの二つの粒子に壊れるのではなく、「電子e、別な原子核B、それから未知の軽くて電荷を持たない粒子の三つに壊れる」という仮説を立てました［図2－1下］。電荷を持たない粒子は物質と（ほとんど）反応しないと仮定すれば、観測できません。したがってこのような粒子を仮定しても、実験結果との矛盾はありません。こう考えると、電子のエネルギーが崩壊ごとにいろいろな値を持つことは問題ではなくなり、観測データを説明できます。他の二つの粒子の飛び出る方向と速さが、自動的に運動量とエネルギーを保存するように決まるからです。

パウリはこの理論を会議への参加者宛の手紙で送って、自分はダンスパーティに行ったそうです。ミクロの世界の理解に不可欠な粒子を導入しながら、その発表を手紙で行うなど、「評価、評価」と毎年のように論文の数を問われ、追い立てられるように論文を書いている現在の研究者から見れば、うらやましいような時代です。また、パウリ自身は、既存の理論で説明できない現象を都合のよい粒子を導入して解決しようとするなど、いちばんやってはいけないことだと、あまり気に入っていなかったようです。

パウリの提案を受けて1934年、エンリコ・フェルミはβ崩壊の理論を完成させました。「原

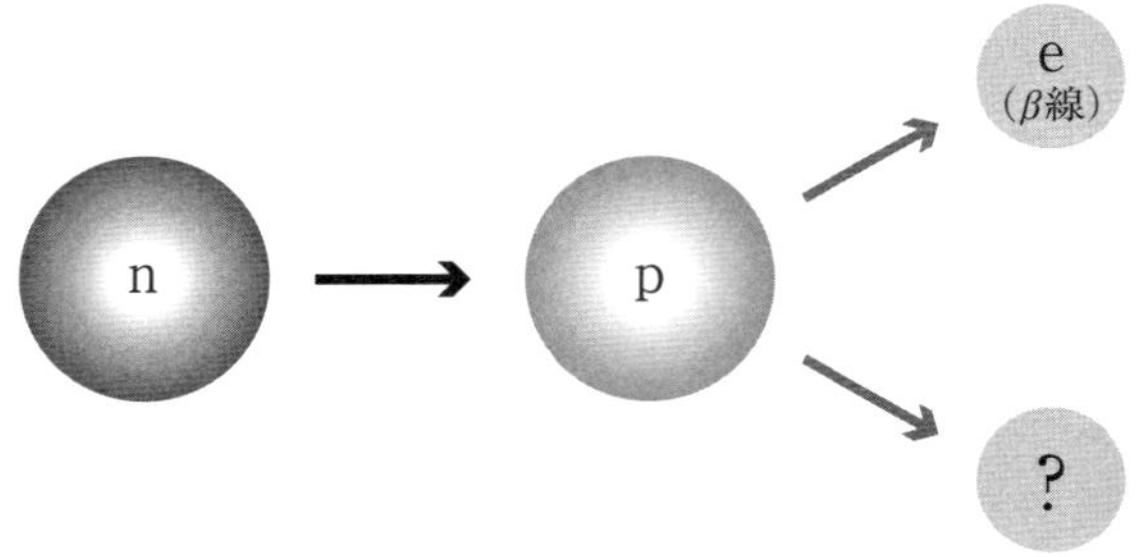

図2-2　β崩壊では、原子核の中性子（n）のうち1個が陽子（p）に変わり、電子（e＝β線）と電荷を持たない軽い粒子が生まれる。なお、このとき生まれる「電荷を持たない軽い粒子」は正確には、後で説明するように「反電子ニュートリノ」。

子核を構成する中性子（n）のうち1個が陽子（p）に変わり、同時に電子（e）と電荷を持たない軽い粒子が生まれる」というものです【図2－2】。フェルミはこの「電荷を持たない軽い粒子」に、「ニュートリノ（neutrino）」という名前をつけました。「中性（neutral）」という言葉に、「（質量が）小さい」をあらわすイタリア語の接尾辞「-ino」をつなげた造語です。フェルミはイタリア人なのでこの名前になったのでしょうね。

●ライネスとコーワンの実験

原子核のβ崩壊のミステリーは、パウリやフェルミの理論で説明できることが分かりました。しかしこの時点ではあくまで、「説明できる」だけです。理論が受け入れられるには、ある現象を説明できるだけでは十分ではありません。この場合、仮定したニュートリノが存在することが示されてはじめて、物理学の理論として認められるのです。

しかし「中性の軽い粒子」というパウリのアイデアだ

図2-3　フレデリック・ライネス（右）とクライド・コーワン、1953年頃（SRS Negative No. 3016）。*Reactor on; Thematic Study of Savannah River's Five Reactor Areas*, 2010より転載。

けでは、どのようにしてニュートリノを観測できるかまったく分かりません。フェルミはパウリのアイデアを理論化し、電荷を持たないニュートリノがどのくらいの頻度で物質と反応するかを予言しました。これをもとに、どのような実験を行えばニュートリノの存在を確かめることができるかが分かってきたのです。

ニュートリノが実際に存在することは、1950年代にフレデリック・ライネスとクライド・コーワン［図2-3］が、原子炉で生成されるニュートリノを観測することで確かめました。

彼らは核分裂反応にともなって大量のニュートリノが放出されることに着目して、原子炉の近くに「液体シンチレータ」という特殊な液体が入った測定器を置き、ニュートリノと物質との反応がわずかな数起こっていることを観測したのです。原子炉の中では、ウランに中性子が当たって核分裂する際のエネルギーをもとに電力をつくり出しています。核分裂で生まれた原子核の多くは不安定で、それらの多くはβ崩壊し、ニュートリノが放出されているはずです。

図2−4が、彼らが最初にニュートリノの観測を行った実験装置です。当時としては巨大なもので、原子炉でつくられる大量のニュートリノ（正確には「電子ニュートリノ（ν_e）」の反粒子である「反電子ニュートリノ（$\bar{\nu}_e$）」なのですが、いまは深く考えないことにします。反粒子については後で説明します）のうちいくつかは、測定器に入ってきたときに物質（正確には陽子＝p）と反応するはずです。そうすると中性子（n）と陽電子（e^+＝正の電荷を持つ、電子の反粒子）がつくられます［図2−4］。その陽電子（e^+）が液体シンチレータで満たされた測定器の中で出す「シンチレーション光」と、その後、中性子（n）が他の原子核に吸収されたときに出る「遅れた信号（シンチレーション光）」を観測すれば、（反）ニュートリノがつくられたことを証明できる、というものでした。「スーパーカミオカンデ」が5万トンの大容量であることを思えば、この装置はかわいいものです。しかし大量の物質を用意して反応を待つという考え方は、いまに至るまで変わっていません。また、第8章で触れる「カムランド」のような原子炉ニュートリノ実験では現在でも、「遅れた信号」を検出してノイズと区別する方法がとられています。

実は彼らは最初、もっと過激な方法でニュートリノの観測を計画していました。原子爆弾の爆発です。原子爆弾が爆発するときには、ウランあるいはプルトニウムを瞬時に核分裂させます。その

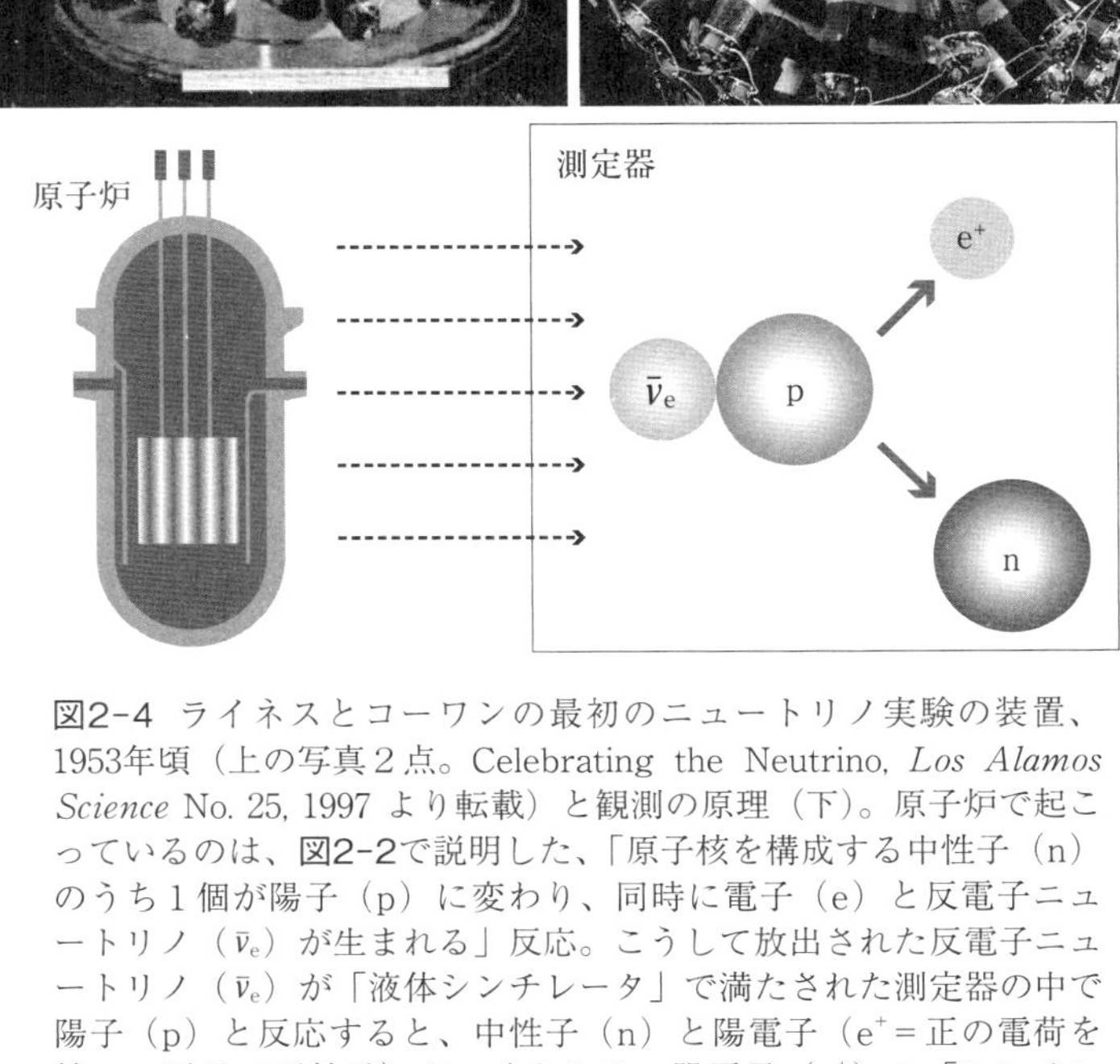

図2-4 ライネスとコーワンの最初のニュートリノ実験の装置、1953年頃（上の写真2点。Celebrating the Neutrino, *Los Alamos Science* No. 25, 1997 より転載）と観測の原理（下）。原子炉で起こっているのは、**図2-2**で説明した、「原子核を構成する中性子（n）のうち1個が陽子（p）に変わり、同時に電子（e）と反電子ニュートリノ（$\bar{\nu}_e$）が生まれる」反応。こうして放出された反電子ニュートリノ（$\bar{\nu}_e$）が「液体シンチレータ」で満たされた測定器の中で陽子（p）と反応すると、中性子（n）と陽電子（e^+＝正の電荷を持つ、電子の反粒子）がつくられる。陽電子（e^+）の「シンチレーション光」と、生成された中性子（n）が減速して止まり、他の原子核に吸収されたときの「遅れた信号（シンチレーション光）」が観測されたので、（反）ニュートリノが存在する証拠になった。

結果多量の放射性同位元素が生成され、それらの一部がβ崩壊して、ニュートリノが放出されているはずです（原理は原子炉も原子爆弾も同じです）。結局このアイデアに基づいた実験は行われませんでしたが。

ライネスはこの発見から約40年後の１９９５年に、ニュートリノの発見によりノーベル物理学賞を受賞しました。残念ながらコーワンは、彼らの研究がノーベル賞に輝くのを知ることなく、１９７４年に亡くなってしまいました。

●四つの力

ニュートリノは物質とほとんど反応しないと、これまで何度か述べてきました。やや専門的な言葉を使うなら、ニュートリノは「物質と相互作用する力が弱い」のです。これまで「反応」という言葉を使ってきましたが、これからはときどき、「相互作用」と言うことがあります。そのときは「反応のことだな」と思ってください。

ニュートリノが物質と相互作用するときに働く力を「弱い力」と呼んでいます。ミクロの世界で働く力は、他に三つあります。まず重力。それから、第１章で説明した電磁力。そして原子核の中で陽子や中性子を結びつけている「強い力」です。

電気的な力は距離が離れていてもその力を感じます。高速の電子を物質に入射すると、非常に荒っぽく言えば、だいたい10センチメートルも走ると物質中の原子核や電子と電磁的な相互作用をします。電子は負の電荷を帯びているため、距離が少しくらい離れていても電磁力の影響を受けるのです。ニュートリノが地球を軽々と突き抜けてしまうのとはまったくちがいますね。

一方「弱い力」は文字どおりとても弱い力です。陽子の大きさの1000分の1くらいの距離にしか力が及びません。基本的には弱い力は電磁力に比べて力の及ぶ範囲が非常に短いのです。そのため、ニュートリノがたまたま弱い力を感じる距離まで、他の粒子に近づくことは稀で、そのため、物質中の長い距離を走らないと相互作用せず、「弱い力」なのです。

「強い力」は、電磁力に比べて強いというくらいに考えてください。正の電荷を持つ陽子どうしには電磁的な反発力が働くので、電磁力より強い力が働かないかぎり、原子核はばらばらになってしまいます。また、そもそも電荷を持たない中性子が原子核の中にとどまっているためには、電磁力とは別の力が必要なのです。ただ「強い力」の及ぶ範囲は、原子核の内部くらいの大きさの範囲に限られているため、電磁力より「強い」からといって日常生活で感じることはありません。

ちなみに湯川秀樹は、「強い力」を伝える役割の素粒子が存在するのではないかと考え、「中間子」と名づけました。1934年のことです。中間子は1947年にセシル・パウエルの実験によって発見されています。湯川が予言した「π（パイ）中間子」は、素粒子や宇宙線の実験で非常になじみの深い素粒子の一つです。また特に、π中間子のうち、電荷がプラス、あるいはマイナスのものは飛行中に壊れて別な粒子（後で説明する「ミューオン」）とニュートリノになるため、ニュートリノ実験にも非常にかかわりの深い素粒子です。

●増えつづけた「素」粒子

陽子や中性子は発見からしばらくの間は、内部に構造がない文字どおりの「素」の粒子と考えられていました。しかしどうも、そうではなさそうだと思われるようになってきました。

１９３０年代頃から観測が行われていた宇宙線（宇宙からやってくる放射線。第3章で説明します）の中に、未知の粒子が見つかったのです。宇宙線の主な成分は陽子ですが、この陽子が地球の大気中の酸素や窒素の原子核と衝突してつくられた粒子のようです。

ラザフォードの実験の考え方を引き継いだ加速器実験が本格的に行われるようになったのは１９５０年代です。初期の加速器は、加速した陽子や電子を原子核にぶつけて破壊し、飛び出してくる粒子を調べる、というものでした。ここからも、いろいろな粒子が生成されます。

どれも陽子の仲間（「バリオン」と言います）やπ中間子の仲間で、私たちの時間スケールで考えると一瞬で崩壊し、別な粒子になってしまいます。これらの「素粒子」は、どんどん種類が増えてしまいました。

自然の基本的な構成要素であるはずの「素粒子」が、こんなに何種類もあってよいのでしょうか。素粒子の種類が増えるにつれて科学者たちは、もっと根本的な物質の構成要素があるのではないかと考えるようになりました。一方、これらの素粒子をいくつかの性質に基づいて分類し、基本粒子を見極めようとする試みが、いくつも提案されました。このような試行錯誤が、今日の素粒子世界の理解につながっているのです。

●陽子の内側が見えた――「クォーク」の発見

「クォークモデル」も、こうした試みの一つです。他のモデルと異なっていたのは、すでに発見されていた粒子ではなく「クォーク」という未知の基本粒子を想定したことです。１９６４年、マレイ・ゲルマンとジョージ・ツワイクによってそれぞれ独立に提唱されました。「クォーク」というのはゲルマンの命名です。

クォークの存在を確かめたのは、１９６８年、アメリカのスタンフォード線形加速器センター（ＳＬＡＣ）の電子加速器です。ラザフォードの実験で使われたα線の約1万倍にもなろうという高いエネルギーの電子のビームを物質（原子核）に当て、そこから飛び出てくる電子の様子を調べる実験が行われ、陽子や中性子の内部に点状の構造があることが判明したのです。この内部の点状のものが「クォーク」です。

なぜ、こんな高エネルギーが必要なのでしょう？　なんだか大げさすぎるような感じがしますが、それは、エネルギーが高くなればなるほど、小さい世界のことが分かるからです。身近な例として顕微鏡のことを考えてみましょう。光学顕微鏡では可視光を用いて小さいものを観察します。でももし、「小さいもの」の大きさが光の波長（だいたい０・５マイクロメートル）より小さくなると、ぼんやりとしか見えなくなります。そこで、光の代わりに電子の波（電子は粒子であるとともに波でもあることを思い出してください）を使う電子顕微鏡の出番となります。電子の波の波長は電子のエネルギー（簡単に速さと思っていただいて結構です）を上げれば上げるほど短くなって、より小さいものが見えるようになります。この原理を素粒子の世界の研究にも使います。エネルギーの低い

α線を用いたラザフォードの実験で分かったのは、だいたい10^{-8}センチメートルの大きさを持つ原子の内部構造でした。それより1万倍高エネルギーの電子のビームを用いれば、原子よりずっと小さい、10^{-13}センチメートルくらいの陽子の内部構造が分かるかもしれないと、考えられたのです。

クォークにはあまり深入りしませんが、それでも非常におもしろい性質を持っているので、少しだけ書いておきます。

まず、陽子や中性子の内部からクォークを取り出して直接見る実験には、いまだかつて誰も成功していません。どうもクォークは、単独で取り出して見ることができないようなのです。

また、クォークは半端な電荷を持っています。電子の電荷を-1とすると、陽子は+1、他の原子核はその中に含まれる陽子の数に応じて整数の電荷を持ちます。つまり私たちが取り出して調べることができる粒子はみな、整数の電荷を持っています。

陽子や中性子のような「バリオン」は、三つのクォークからなるとされています。クォークの電荷が整数だとすると、陽子や中性子の電荷を説明することができないのは、すぐに分かりますね。クォークの電荷は +2/3 または -1/3 と中途半端でないといけないのです。直接取り出すことができないクォークだけ中途半端な電荷を持っているのは、なんとも不思議です。

仮に陽子（p）が +2/3 電荷のクォーク2個と -1/3 電荷のクォーク1個からできているとしましょう。陽子（p）の電荷をクォークの電荷から計算すると 2×(2/3)+(−1/3)＝1 となります。中性子（n）も同様に、+2/3 電荷のクォーク1個と -1/3 電荷のクォーク2個からできているとすると、(2/3)+2×(−1/3)＝0 となり、辻褄（つじつま）は合います。陽子（p）や中性子（n）の中に存在す

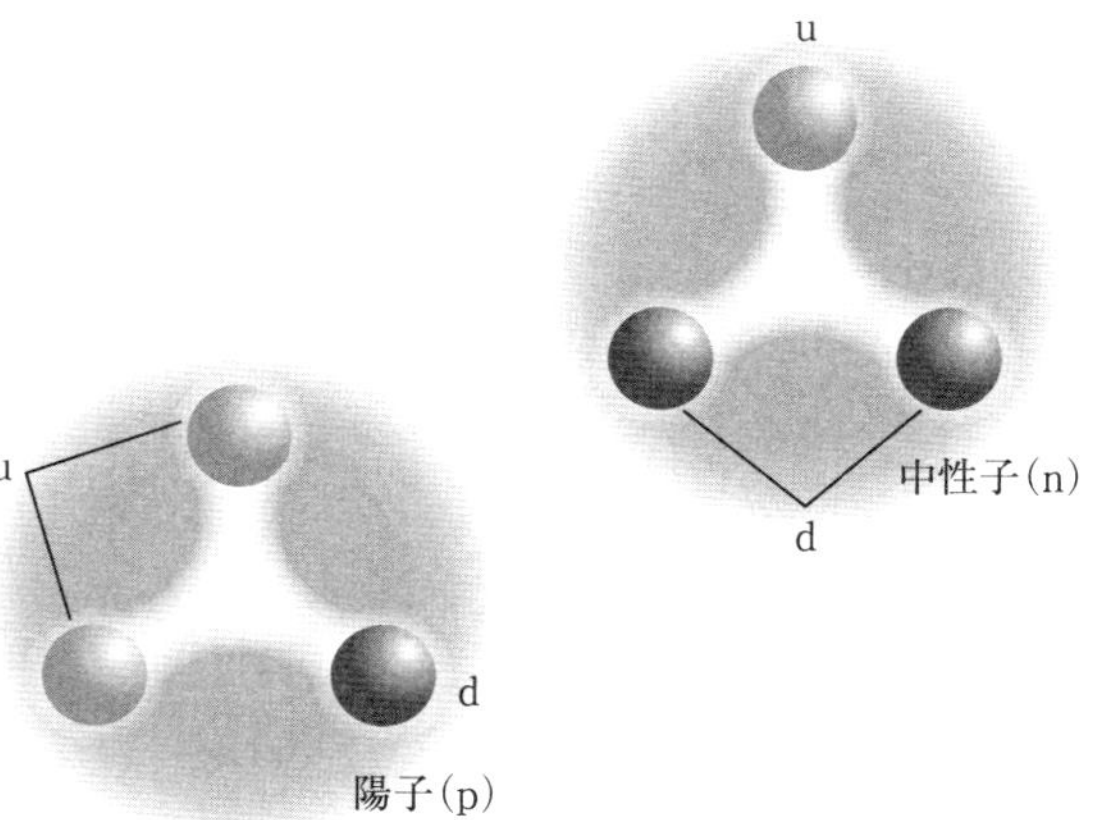

図2-5 かつて物質の究極の構成要素と考えられていた陽子や中性子だが、現在は３個のクォークなどからなる複合粒子と考えられている。陽子（p）は２個のアップクォーク（u）と１個のダウンクォーク（d）から、中性子（n）は１個のアップクォーク（u）と２個のダウンクォーク（d）からなるとされる。

る電荷 +2/3 のクォークを「アップクォーク（u）」、－1/3 のものを「ダウンクォーク（d）」と言います。

きりがないので、クォークの話はこのくらいにしておきましょう。

●究極の素粒子――クォークとレプトン

いま述べたことを言葉を換えて繰り返すと、陽子（p）は2個のアップクォーク（u）と1個のダウンクォーク（d）、中性子（n）は1個のアップクォーク（u）と2個のダウンクォーク（d）からなる複合粒子ということになります［図2－5］。

それに対して電子やこれから紹介する「ミューオン」、それからニュートリノを、「レプトン」と呼んでいます。内部に構造を持たない粒子です。「荷電レプトン」

は、電気的に中性のニュートリノをのぞいた、電子やミューオンなどのことです。単に「レプトン」と言ったとき、「荷電レプトン」を示すこともありますし、「荷電レプトン」と「ニュートリノ」両方を指すこともあります。

また、これからは「クォーク」「荷電レプトン」「ニュートリノ」を総称して「素粒子」と言うことにします。陽子や中性子も素粒子とされていた1950年代頃とは意味がちがいますが、より物質の基本的な構造についての理解が深まったいま、陽子や中性子を「素（もと）」の粒子と呼ぶわけにはいきませんね。

私たちの身体や宇宙の星などの物質をつくっているいちばん基本的な粒子は（いま私たちが知っているかぎり）、陽子や中性子をつくるアップクォーク、ダウンクォークと電子です。そしてアップクォーク、ダウンクォーク、電子と電子ニュートリノ（ニュートリノに何種類かあることは、後で説明します）を、「第1世代」の粒子と呼んでいます。

「第1世代」ということは、「第2世代」もあるのでしょうか。むろん、そうです。

時は前後しますが、1936～37年頃、宇宙線の中に、電子を単に重くしただけで他の性質は電子と同じと考えてよい粒子「ミューオン」が発見されました。

このミューオンが、最初に発見された「第2世代」の粒子なのです。I・I・ラビ（原子核の研究に大きな貢献をした物理学者です）はミューオン発見の知らせを聞いたとき、「誰がミューオンを注文したんだ?」と（レストランで）言ったとのことです。ミューオンは物質をつくる粒子ではありません。誰も注文していない料理のように余分なものが、なぜかこの宇宙に存在しているように

第１世代	第２世代
アップクォーク	?
ダウンクォーク	ストレンジクォーク
（電子）ニュートリノ	?
電子	ミューオン

図2-6　第１世代と第２世代の素粒子（1950年代頃の情報をクォークとレプトンの分類方法でまとめた）。

思われます。しかし私たちには余分と思われても、存在する理由がきっとあるはずです。この疑問は現在でも、根本的には答えられていないように思います。解き明かされる日を待ちましょう。

さらに、クォークが導入されたとき、クォークは２種類では不足で、ダウンクォークと同じ $-1/3$ の電荷を持つもう１種類がないと、バリオンや中間子がうまく分類ができないことも分かっていました。この第３のクォークは「ストレンジ」と呼ばれています。ストレンジを含む粒子は不安定で、すぐに壊れてしまいます。

こう考えると、ニュートリノにも第２世代があるのかと、疑問が湧きます。

●加速器実験で見つかった第２世代ニュートリノ

第２世代のニュートリノがあるとしたら、第２世代のレプトンであるミューオンと関係がありそうですね。そこで、ほとんどの場合ミューオン（とニュートリノ）に崩壊するπ中間子を使った実験が、アメリカのブルックヘヴン国立研究所（ＢＮＬ）

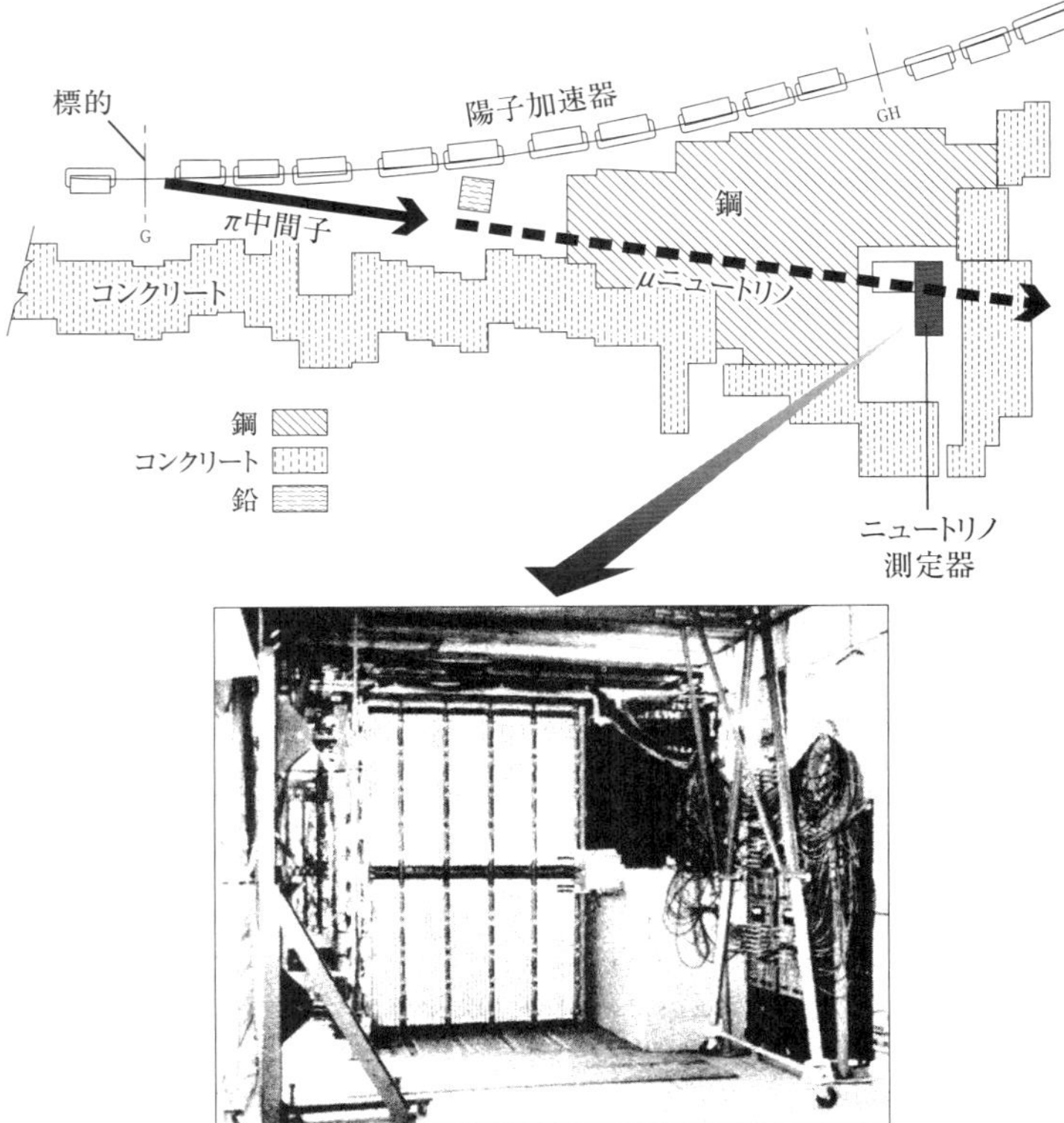

図2-7　μニュートリノを発見した実験装置と、そのときの反応。陽子が標的（原子核）と衝突してつくられたπ中間子は、崩壊してミューオンとニュートリノを生成する。ほとんどのミューオンは物質（鋼）中で止まってしまうが、ニュートリノは反応せずに物質を通り抜けて測定器までやってくる。そのニュートリノのうちわずかな数が測定器の中で物質（陽子や中性子）と反応し、ミューオンを生成する。装置の図と写真は、Melvin Schwartz, *The First High Energy Neutrino Experiment*, Nobel Lecture, December 8, 1988 をもとに作成。

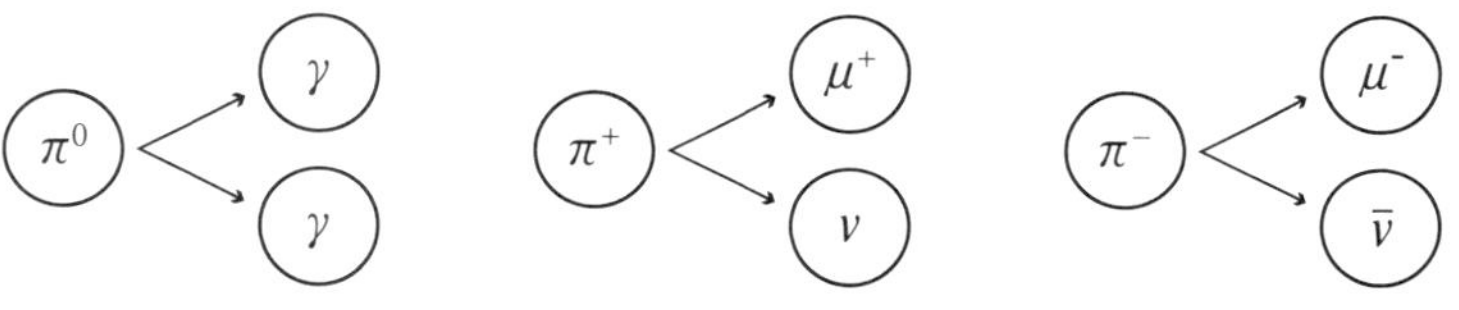

図2-8　電荷を持たないπ中間子（π^0）は２個の光子（γ線）に、正の電荷を持つπ中間子（π^+）は正の電荷を持つミューオン（μ^+）とニュートリノ（ν）に、負の電荷を持つもの（π^-）は負の電荷を持つミューオン（μ^-）と（反）ニュートリノ（$\bar{\nu}$）に崩壊する。

で計画されました。

第２世代のμニュートリノは１９６２年、この実験によって発見されたのですが、後の話にもいろいろな意味で関係するので、どのようにしてニュートリノが観測されたのか、その方法を少しくわしく紹介しておきます。

実験は陽子加速器を用いて行われました［図2－7］。加速されたエネルギーの高い陽子の反応からでないと、π中間子やミューオンがつくられないからです。まず、陽子のビームを標的である原子核に当てます。すると、すでに書いたとおり、π中間子などがたくさん生成されます。π中間子のうち、電荷を持っていないもの（π^0）は２個の光子（２本のγ線）に崩壊します［図2－8左］。一方、正の電荷を持ったもの（π^+）は、正の電荷を持ったミューオン（μ^+）とニュートリノ（ν）に崩壊します［図2－8中］。逆に負の電荷を持ったもの（π^-）は、負の電荷を持ったミューオン（μ^-）と（反）ニュートリノ（$\bar{\nu}$）に崩壊します［図2－8右］。こうしてつくられたニュートリノを調べれば、なにかが分かるかもしれません（ここからの記述では簡単のために、電荷と粒子・反粒子を区別せず、電子、ミューオン、ニュートリノとだけ呼ぶこともあります）。

標的に当たった陽子の数が非常に多ければ、生成されるπ中間子と、それが崩壊して生成されるミューオンとニュートリノの数も非常に多くなります。そこからニュートリノだけを選び出すには、標的の下流に大量の物質を置いてπ中間子とミューオンを止めてしまえばよいのです。残りは物質があってもほとんど関係なく通過してくるニュートリノだけです［図2−7］。

しかし、いかにニュートリノでも、稀には物質中の陽子や中性子と衝突するはずです。このときの実験で生成されたニュートリノの反応を計算してみると、地球を100万個ほど直列に並べて、ニュートリノ1個を通したとすると、どこかで陽子や中性子と衝突することが期待される程度の頻度です。では100万個のニュートリノを地球1個の中に通したとすると、どうなるでしょう。1個のニュートリノが地球1個の中で陽子や中性子と衝突する確率は1／100万ですが、100万個だと、（1／100万）×100万で、どれか1個のニュートリノが、地球のどこかで陽子や中性子と衝突してもおかしくありません。では10兆個のニュートリノだとどうなるでしょうか？ 10兆×（1／100万）＝1000万個のニュートリノが地球のどこかで、陽子や中性子と衝突することが予想されます。

でも地球全体の観測なんて不可能ですから、もう少し実現可能な案を考えましょう。もし地球と同じ密度で厚さ1・28メートル（地球の直径約1万2800キロの1000万分の1の長さ）の測定器をつくり、そこに10兆個のニュートリノを通すと、ちょうど1個のニュートリノが測定器の中で陽子や中性子と衝突してもおかしくないことが、さきほどの計算から予測されます。つまり、きわめて観測するのがむずかしいニュートリノも、大量につくって大きい測定器を用意すれば、捕まえら

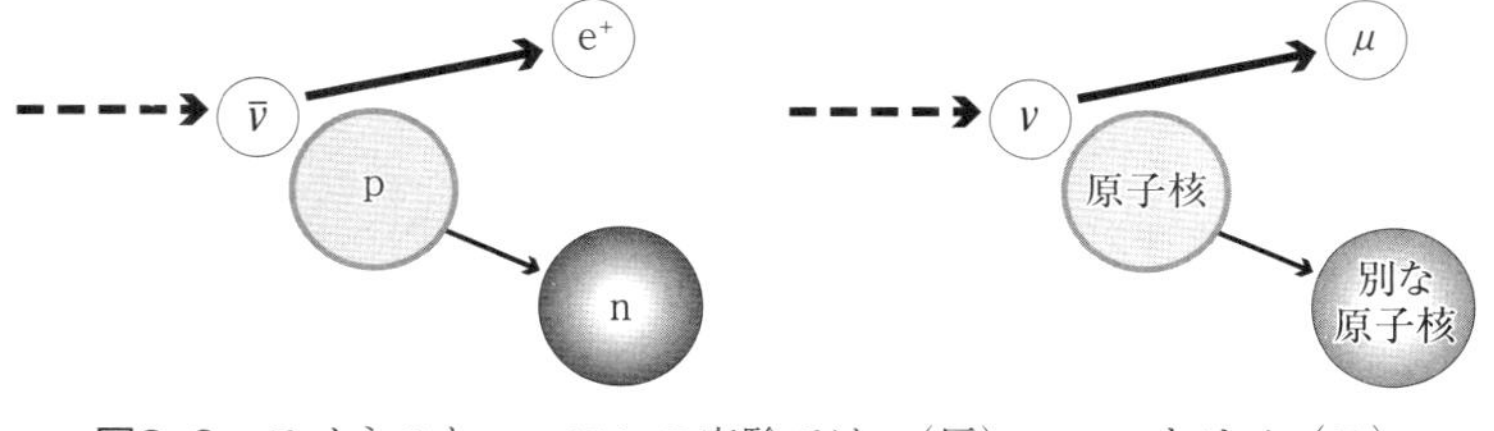

図2-9　ライネスとコーワンの実験では、（反）ニュートリノ（$\bar{\nu}$）が物質中の陽子（p）と反応して飛び出してくるのは（陽）電子（e^+）だった（左）。ブルックヘヴン国立研究所の加速器を使った実験（右）では、ニュートリノ（ν）が物質と反応して飛び出してくるのはミューオン（μ）。

れるはずなのです［図2－7］。

いままで述べたような考えに基づいて実験が行われ、その結果、たしかにニュートリノが物質と反応してミューオンが飛び出て来た証拠が29例観測されました。発見はそれだけではありません。

ニュートリノをはじめて観測したライネスとコーワンの実験では、原子炉の中でウランが分裂してできた不安定な原子核が、電子と（反）ニュートリノ（$\bar{\nu}$）に崩壊し、この（反）ニュートリノ（$\bar{\nu}$）が物質中で反応した結果飛び出てきた粒子は電子（正確には陽電子＝e^+）でした［図2－9左］。

加速器の実験の反応では、陽子が原子核に衝突してつくられたπ中間子が崩壊したときに、ミューオン（μ）とニュートリノ（ν）が生成され、そのニュートリノ（ν）が物質中で反応してミューオン（μ）が飛び出てくるというものでした［図2－9右］。

どこがちがうのでしょう。ニュートリノには、物質との反応の結果（陽）電子が飛び出てくるタイプとミューオンが飛び出てくるタイプの2種類あるのです。反応の結果電子が出てくる

第１世代	第２世代
アップクォーク	？
ダウンクォーク	ストレンジクォーク
電子ニュートリノ	μニュートリノ
電子	ミューオン

図2-10　第１世代と第２世代の素粒子（1960年代）。

図2-11　右からレオン・レーダーマン、メルヴィン・シュワルツ、ジャック・シュタインバーガー、1988年（Courtesy of Brookhaven National Laboratory）。

ものを「電子ニュートリノ（ν_e）」、ミューオンが出てくるものを「μ（ミュー）ニュートリノ（ν_μ）」と呼びます。μニュートリノは2世代目のニュートリノに分類されています［図2－10］。

加速器を用いたニュートリノ実験の方法とμニュートリノの発見によって、メルヴィン・シュワルツ、ジャック・シュタインバーガー、レオン・レーダーマンの3人は、1988年ノーベル物理学賞を受賞しています［図2－11］。おもしろいことに、2番目のニュートリノを発見した人たちのほうが、最初にニュートリノを発見した人より先にノーベル賞を受賞しました。

●2世代だけではない――小林・益川の予言

第2世代の表で欠けていた部分、アップクォークに対応する「チャームクォーク」は、1974年にはブルックヘヴン国立研究所のチームとスタンフォード線形加速器センターのチームによって、それぞれ独自に発見されました。これで、第2世代の粒子のセットが完結したことになります［図2－12］。実は1971年、東京大学原子核研究所の丹生(にう)潔助教授（当時、後に名古屋大学教授）は、宇宙線の中に奇妙な粒子を見つけていました。いま振り返ればこれがチャームクォークの発見だったのですが、観測されたのは1例で、また当時は宇宙線観測よりも加速器実験のほうが信頼を得ていたのか、研究者に広く認められるまでには至りませんでした。

チャーム発見に先立つ1973年、京都大学（当時）の小林誠博士と益川敏英博士は「素粒子の世代は3あるいはそれ以上なければいけない」ことを予言しました。丹生博士の観測で四つめのクォークの存在を確信したことがきっかけになったと、小林博士は後のノーベル賞記念講演で語って

第１世代	第２世代
アップクォーク	チャームクォーク
ダウンクォーク	ストレンジクォーク
電子ニュートリノ	μニュートリノ
電子	ミューオン

図2-12　第１世代と第２世代の素粒子（1970年代）。

います。

小林・益川理論は「物質と反物質の非対称性」に関する議論から導かれたものです。しかしこの本のテーマであるニュートリノは、物質をつくる粒子ではないので、小林・益川理論はこの本の内容とはなんの関係もないような気がします。しかしそうではありません。少しだけ説明しましょう。

これまでに何度か、「反ニュートリノ」や「陽電子」に言及しました。「反ニュートリノ」はニュートリノの、「陽電子」は電子の「反粒子」です。ニュートリノや電子にかぎらずどの粒子にも、質量が同じで電荷が反対の反粒子が存在することは、１９２０年代の終わりにポール・ディラックが予言し、１９３２年、カール・アンダーソンが宇宙線の陽電子を観測して証明しました。−1の電荷を持つ電子の反粒子は+1の電荷を持つ「陽電子」、というのはすぐに分かりますね。電荷を持たないニュートリノの場合、反粒子もやはり電荷を持ちません。ニュートリノを発見したライネスとコーワンの実験で観測されたのは、正確には「原子炉でつくられた反ニュートリノが陽子と反応して陽電子と中性子がつくられる」反応だったのです。

クォークの反粒子である「反クォーク」もちゃんと存在します。

ということは、「反クォーク」でできた「反陽子」と「反中性子」からなる「反原子核」と「陽電子」がむすびつけば、「反物質」ができるはずですが、いま現在、宇宙に反物質でできた銀河などが存在する証拠はありません。反粒子は宇宙が進化する過程で、すべて消えてしまったと考えられています。粒子と反粒子は、出会うと「対消滅」して、最終的には光子（γ線）に姿を変えてしまうのです。

ビッグバンからあまり時間のたっていない熱い宇宙では、粒子と反粒子がいっしょに生まれる「対生成」が頻繁に起こっていました。膨大な数の粒子と反粒子が生成と消滅を繰り返しながら飛び交っていたのです。しかし宇宙が次第に冷えてくると、粒子のエネルギーは対生成を起こすには不十分になります。そうなると対消滅だけが起こりつづけ、粒子と反粒子のどちらか数が少ないほうがなくなるまで進みます。

いま、粒子からなる物質しか残っていないのは、その結果です。最初から反粒子のほうが少ししかつくられなかったからなのでしょうか。そうではなくて、宇宙の始まりビッグバンでは、粒子と反粒子は同じだけつくられたと考えられています。しかし粒子と反粒子は完全に同じ振る舞いをするわけではないようです。そのため壊れ方にちがいが生まれ、そしてどこかで粒子の数が反粒子の数を上回ることになり、現在の物質だけでできた世界がつくられたというのが定説です。この「壊れ方のちがい」が、「CP対称性の破れ」によってひきおこされます。

はじめ粒子と反粒子の間には、「CP対称性」が成り立っていると信じられていました。しかし

物質のもとになっている仲間

クォーク	アップクォーク	チャームクォーク	トップクォーク
	ダウンクォーク	ストレンジクォーク	ボトムクォーク
レプトン	電子ニュートリノ	μニュートリノ	τニュートリノ
	電子	ミューオン	τ粒子

力を伝える仲間

クォーク	光子
	W粒子　Z粒子
レプトン	グルーオン
	重力子

素粒子に質量を与える仲間

ヒッグス粒子

図2-13　現在までに知られている素粒子一覧。「力を伝える仲間」と「素粒子に質量を与える仲間」は、本書では扱わない。ヒッグス粒子が2012年に欧州原子核研究機構（CERN）の加速器 LHC の二つの巨大な実験によって発見されたことは、記憶に新しい。

1964年、ブルックヘヴン国立研究所のヴァル・フィッチとジェームズ・クローニンたちの実験が、「CP対称性の破れ」の証拠を示しました。「K中間子」の崩壊の仕方を調べたところ、「CP対称性」が保たれていたのではあり得ない現象が観察されたのです。これ以上は本書の範囲を超えているので省きますが、もしクォークが6種類以上あるとすると、この破れは理論的に説明できるということが小林・益川両博士によって示されました。さらにこの考えを発展させて、クォークが6種類以上あれば、物質しかない現在の宇宙を説明できると、考えられました（現在は、クォークの「CP対称性の破れ」だけで説明するのは無理があることが分かっています。この点は、第11章であらためて触れます）。

仮にクォークが6種類なら、それに対応するレプトンも6種類あるはずです。前述のように1974年には第2世代のチャームクォークが発見されました。その後アメリカのフェルミ研究所（FNAL）で、1977年に「ボトムクォーク」、1995年に「トップクォーク」が発見されてクォークの3世代が出そろいました。さらに1975年には「τ（タウ）粒子」がアメリカのスタンフォード線形加速器センターで、2000年に「τニュートリノ」が、フェルミ研究所で発見されて、第3世代のレプトンもすべて出そろいました。

そして、「CP非保存」を説明する小林・益川理論が正しいことが、21世紀に入って、日本の高エネルギー加速器研究機構（KEK）とスタンフォード線形加速器センターの「Bファクトリー」（「B中間子」と呼ばれる重い中間子を大量に生成して、その崩壊の様子をくわしく調べる実験）によって確認されました。「CP対称性の破れ」はK中間子で確認されたのに、B中間子を調べたのは、B中間子ではK中間子より大きな「CP対称性の破れ」が観測されることが期待されたからです。

まだ第2世代のチャームクォークが見つかる前に、一般的な素粒子の性質の要請を満たすためには3世代がなければいけないと結論したのは、すごいことだと思います。小林・益川両博士がシカゴ大学の南部陽一郎名誉教授とともに2008年のノーベル物理学賞を受賞したのは、まだ記憶に新しいですね。

現在までに知られている素粒子の一覧を図2−13に示しました。

第3世代のニュートリノの観測については、第6章でくわしく触れたいと思います。

第3章　宇宙線とニュートリノ

原子核のβ崩壊の困難を救うために物理学の世界に持ち込まれたニュートリノは、4半世紀を経て実験で存在が確認され、さらに素粒子の世界の理解が進むにしたがって、世界を構成する基本粒子の一つに位置づけられました。

ここからはいよいよ、ニュートリノの観測と、観測によって分かってきた宇宙の姿を紹介していきます。まずは初期の観測の話から始めましょう。後にニュートリノ研究に画期的な貢献をしたカミオカンデは、実はもともとニュートリノ観測のためにつくられた装置ではありませんでした。

●宇宙線の発見

ウィルヘルム・レントゲンが実験中、「目には見えないけれど透過力の強い光のようなもの」に気づき、「X線」と名づけたのは1895年、これが放射線の発見です。翌年アンリ・ベクレルは、ウランが（現在の用語を使えば）「放射性同位元素」であることを突き止めました。また1898年、アーネスト・ラザフォードはウランから放出される2種類の放射線のうち、透過力のより弱いものをα線、より強いものをβ線と名づけました。ポール・ヴィラールは1900年、ウランからはさらに透過力の強いγ線も放出されていることを発見しました。

すでに述べたとおり、X線やγ線は波長が短くてエネルギーの高い電磁波です。α線の正体はヘリウム原子核、β崩壊で放出されるβ線は電子（または陽電子）で、どちらもエネルギーの高い粒子＝「粒子線」です。β崩壊については第2章で説明しましたね。それと同様に、不安定な原子核がα線を出して他の物質の原子核に変わることを「α崩壊」と言います。「放射性同位元素」は、このような不安定な原子核のことです。

しかしどうして、電磁波と粒子線のように種類のちがうものを、ひとまとめに「放射線」と呼ぶのでしょう。それは電磁波であれ粒子線であれ放射線には、物質を透過する際、その物質を構成している原子にエネルギーを与えて電子をはじき飛ばす「電離作用」があるからです。だからもし生物が多量に浴びれば、細胞が修復不能な影響を蒙（こうむ）ることもあります。放射線被曝が問題になるのはそのためです。

20世紀に入って間もない頃、地上のどこに行っても放射線が観測されることが分かりました。当初は地中の石などに含まれている放射性同位元素の崩壊によって生成されると考えられました。そうだとすると、高いところに登れば放射線は弱まるはずです。それを確かめるために、エッフェル

図3-1 ヴィクトール・ヘスは気球に乗って上空の放射線強度を測った。1912年頃の写真。上：Courtesy of Heeresgeschichtliches Museum, Wien. 下：Yataro Sekido and Harry Elliot (eds.), *Early History of Cosmic Ray Studies*, 1985より転載。

塔に登って放射線を測った科学者もいました。しかし放射線は減っていませんでした。そこで1912年、ヴィクトール・ヘスは気球に乗って上空に上がり、放射線強度がどのように変化するかを調べることにしました［図3−1］。約5350メートルの高さまで測定を行ったそうです。ヘスによると、地表から数百メートルまでは放射線強度は変化しないけれど、さらに上空に行くと、上に行けば行くほど強度が増していました。上空5000メートルでは、地表の2倍も放射線強度が強かったそうです。この実験結果を素直に受け取るなら、上空の放射線は地中からではなく、宇宙から来ていると考えるのが合理的です。

ここで、大気の厚さを思い出してください。地表付近の気圧は1気圧、これは1平方センチメートルあたり約1キログラムの圧力がかかっていることを意味しています。言い換えれば、私たちの上には水10メートル相当の厚さの大気があるということです。上空5000メートルでは約0・5気圧、つまり水5メートル相当です。α線は、1センチメートルくらいの水ですらまったく通り抜けることができません。β線は10センチメートルの水で止まってしまいます。いちばん透過力の強いγ線でも、厚さ1メートルの水でほとんど止めることができます。つまり、高度5000メートルの上空で観測される放射線は、それまでに知られていたα線、β線、γ線などより透過力の強い未知の放射線ということになります。これが宇宙線の発見です。

●宇宙線はどこから来るのか

以来ほぼ100年、宇宙線の観測には大きな進歩がありました。

地表にやってくる宇宙線の多くは次節で説明するように、太陽系外のどこかからやってきたエネルギーの高い宇宙線が、地球の大気と反応して生成された2次的な宇宙線です。もともとの宇宙線（1次宇宙線）のほとんどが高エネルギーの陽子であることは、１９４０年代までに突き止められました。他にヘリウムから鉄に至るまで、さまざまな原子核が宇宙のあらゆる方向から地球に飛来しています。

こうした宇宙線粒子のエネルギーは、低いものは10^9電子ボルト以下、高い極限は10^{20}電子ボルトにもなります（電子ボルトは、素粒子や原子核のエネルギーや質量をあらわす単位です）。10^{20}電子ボルトを私たちが日常目にするものでたとえるなら、プロのテニスプレーヤーのサーブの運動エネルギーに匹敵します。重さ１・７×10^{-24}グラム（つまり1億分の１・７グラムの1億分の1の1億分の１）しかない陽子1個が、約58グラム（３・５×10^{25}個の陽子と中性子）からなるマクロな物質が時速２００キロで飛ぶのと同じ程度のエネルギーを持つというのですから驚きです。

このような高エネルギーの1次宇宙線は、いったいどのような天体で、どのような仕組みで加速されているのでしょう。実はこの謎の解明にも、ニュートリノの観測が大きな役割を果たしています。２０００年代に入って南極で始まった実験を、第7章で紹介します。

●宇宙線はニュートリノをつくる

１９３０年代以降本格的になった宇宙線の観測によって、電子の反粒子である陽電子や、ミューオンや中間子が発見されたことは、第2章で述べたとおりですが、宇宙線からは、ニュートリノも

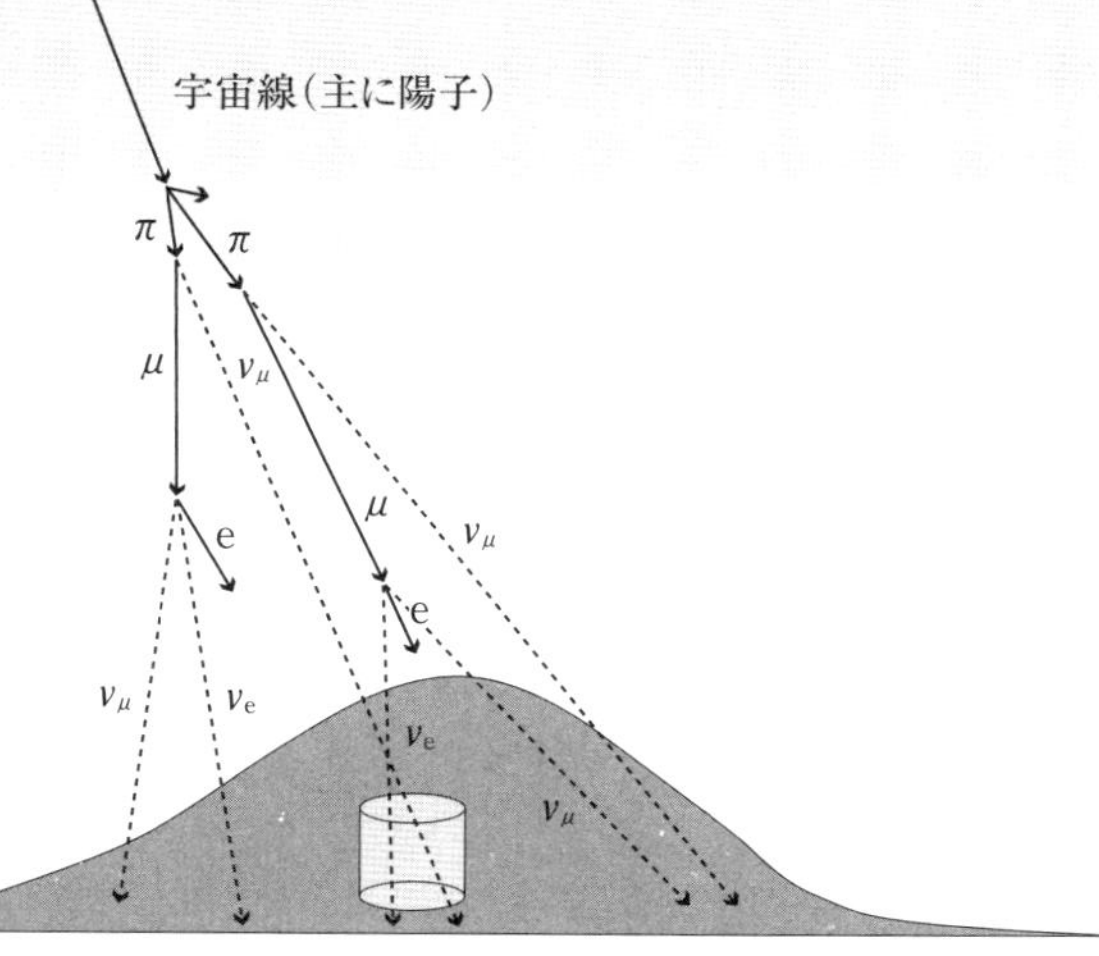

図3-2　大気ニュートリノの生成過程。宇宙線（主に陽子）が大気中に入射すると大気中の原子核（主に窒素と酸素）と衝突し、その結果π中間子（とその他の粒子）が生成される。生成されるπ中間子は1個とは限らない。π中間子は大気中を飛行してμニュートリノ（ν_μ）とミューオン（μ）を生成し、またミューオン（μ）も崩壊して、電子（e）、μニュートリノ（ν_μ）と電子ニュートリノ（ν_e）を生成する。地中にある円筒は、後に紹介する観測装置カミオカンデやスーパーカミオカンデをあらわしている。

つくられています［図3－2］。

陽子を主な成分とする1次宇宙線が地球の大気に入射すると、大気中の窒素や酸素の原子核と衝突してπ中間子を生成し、そのπ中間子は崩壊してμニュートリノ（ν_μ）とミューオン（μ）を生成します。ここまでは基本的に、第2章で説明した加速器を用いたμニュートリノ（ν_μ）発見の実験と同じ原理です（第2章で述べたように、π中間子には正の電荷を持つもの、電荷を持たないもの、負の電荷を持つものがあり、崩壊の仕方はそれぞれ異なりますが、ここでは前章と同じく簡単のために、電荷と粒子・反粒子の区別は基本的に無視して、π中間子、μニュートリノ〈ν_μ〉、電子ニュートリノ〈ν_e〉として話を進めます。以下の記述も同様です）。ただ大気層は数十キロメートルと厚いので、そこを通り抜ける間に、π中間子が崩壊してできた比較的寿命の長い（といっても約2マイクロ秒＝2×10^{-6}秒）ミューオン（μ）も崩壊して、電子（e）、μニュートリノ（ν_μ）と電子ニュートリノ（ν_e）を生成します。このように、地球大気中で宇宙線と大気原子核の衝突によって生成されたニュートリノを「大気ニュートリノ」と呼んでいます。

●初期の観測――インドと南アフリカでの地下実験

宇宙線は地球のあらゆるところにあらゆる方向から降り注いでいるので、大気ニュートリノも地球大気のあらゆるところで常に生成されています。そして私たちの身体にあらゆる方向から入射して、ほとんどはそのまま突き抜けていきます。

1962年に加速器実験でμニュートリノが発見されてほどなく、大気ニュートリノを検出す

図3-3　南アフリカで行われた最初の大気ニュートリノ実験、1965年頃。坑道の左右に「液体シンチレータ」から構成された測定器が設置され、そこを横向きに通ったミューオンが発する「シンチレーション光」が観測された。AAAS 2004 Seattle-Neutrinos symposium-Particle Theoryでの、Hank Sobel 氏（The University of California, Irvine）の報告より転載。

る実験が、インドと南アフリカの鉱山の地下深くで行われました。この頃の実験技術、特に電子回路は現在と比べるとはるかに限られていましたから、簡単な方法でニュートリノの信号と「バックグラウンド」（余計な信号、ノイズ）を区別する必要がありました。

宇宙線由来の粒子で地下までたどり着くのは、ミューオン、μニュートリノ、電子ニュートリノです。地表に到達する2次宇宙線の中には電子や陽子、中性子、γ線もありますが、岩盤中を数メートルも進むと物質と相互作用してエネルギーを失い、止まってしまいます。したがってこれからお話しする地下実験では気にする必要はありません。ということは、考えられるバックグラウンドは、ミューオンです。ミューオンは岩盤の中を、エネルギーに比例して長距離、極端な場合には1キロ以上も走ります。だから実験はミュー

図3-4　インドで行われた最初の大気ニュートリノ実験。1965年頃。狭い坑道の中に測定器が設置されている様子が分かる。2012年５月のICRR-Seminarでの、Naba K. Mondal氏（Tata Institute of Fundamental Research）の報告より転載。

オンがなるべくやってこない地下深くに装置を設置して行われました。図３－３と図３－４に当時の装置の写真を示します。

南アフリカの実験は地下３２００メートル、インドの実験は地下２３００メートルの深さで行われています。もちろん、実験のためにこんな深い穴を掘るのは、限られた研究予算ではとてもできません。装置が置かれたのは、もともとあった金鉱です。金は高価ですから、こんな深い採掘現場でも採算が取れるのでしょう。現在ではこのような深さで行われている実験はありません。

また、これらの実験では、本当に地表から２０００～３０００メートルの深さまで降りていったのですが、後で述べる神岡の実験などでは標高１０００メートルの山の山腹からほぼ水平に入っていき、山頂の真下で実験しています。そうすれば、地下１０００メートルまでもぐるのと事実上変わらないし、なによりも、水平に入っていくのは心理的に安心です。

すでに述べたように、ニュートリノを観測するときの原則は、「大量の物質を用意して反応を待つこと」です。しかしこのような地下深くに設置する測定器は、小さい、あるいは軽いに越したことはありません。そこで、ニュートリノと相互作用させるためにあらためて大量の物質を用意するのではなく、大気ニュートリノのうちのμニュートリノが測定器のまわりの岩盤中で相互作用して、その結果放出されたミューオンを観測する方法がとられました［図3－5］。一方、電子ニュートリノが岩盤と反応してつくられた電子はすぐに止まってしまうため、観測することができません。

宇宙からやってくるミューオンの中で、もともとのエネルギーが非常に高かったものは、地下深くまで入ってくることがあります。これらのミューオンと、μニュートリノが岩盤と相互作用してできたミューオンを区別しなければなりません。どうしたらよいのでしょう。

宇宙線のミューオンは、地中の通過距離がいちばん短い方向、つまりほぼ真上から飛来します。それに対して大気ニュートリノは、あらゆる方向から飛来します。だから当然、μニュートリノが岩盤と反応して生成されたミューオンも、いろいろな方向から測定器に飛び込んできます。したがって、もし上向きのミューオンが観測されれば、それはμニュートリノと岩盤の相互作用によってつくられたものと言えましょう。

ということは、四方八方からやってくるミューオンの中から、上向きのミューオンを選び出すことができればよいのです。ほぼ光速で走る粒子の向きを決定するためには、測定器の2カ所以上で通過時刻を測定して、信号の時間差を調べる必要があります。でも、この時間差から、通過したミ

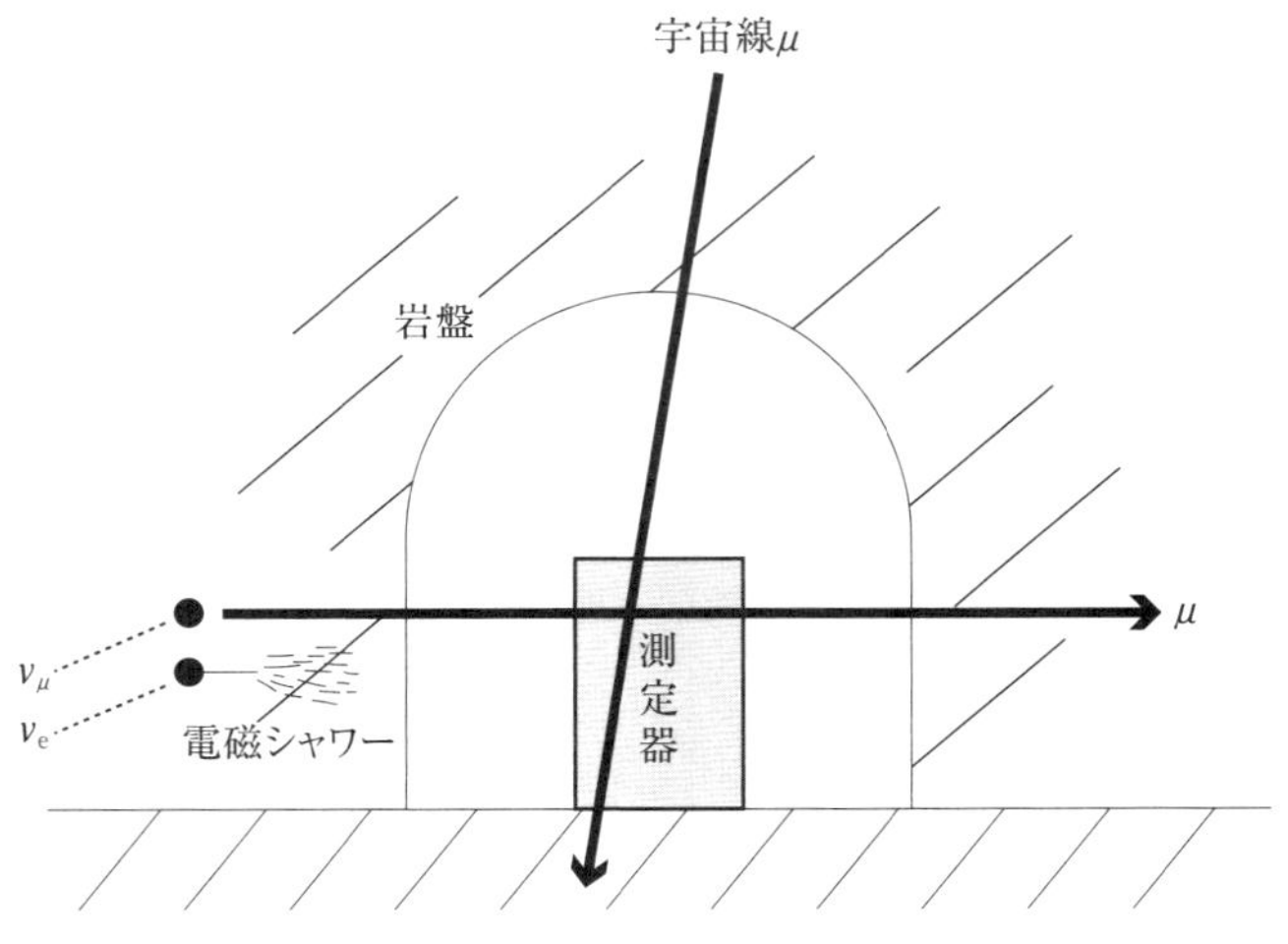

図3-5　地下深くに測定器を設置する。宇宙線のミューオン（μ）の多くは真上方向から飛来するが、μニュートリノ（ν_μ）反応によって生成されたミューオン（μ）は、横方向から飛来するものがある（電子ニュートリノ＝ν_e 反応で生成された電子＝e は岩盤中ですぐに止まり、測定器に入射しない）。

ユーオンがμニュートリノ由来の上向きなのか、宇宙線由来の下向きかを決定するのは簡単ではありません。というのも3メートル進むのに1億分の1＝10^{-8}秒しかかからないからです。そこで、横向きのミューオンを観測することにしました。非常に深い地下では、宇宙線起源のミューオンに横向きのものがほとんどないからです。もし横向きのミューオンが観測されたら、それはμニュートリノが反応してできた大気ニュートリノである可能性が高いのです。ミューオンが測定器を上下方向に走ったか、横方向に走ったかを調べるのは、測定器の2カ所以上を通過したときに、信号を検出した測定器の間に線を引くだけなので、割合簡単です。

少し長くなってしまいましたが、このような方法で、1965年に大気ニュートリノの存在が確かめられました。南アフリカの実験の中心人物は、はじめてニュートリノを観測して後にノーベル賞を受賞したフレデリック・ライネス、インドの実験の中心人物は大阪市立大学の三宅三郎教授（当時）でした。

●陽子の寿命は？

このように、もう50年前に始まった大気ニュートリノの観測ですが、つぎの研究の進展は1980年代後半からです。

1970年代に、「素粒子の大統一理論」というものが提唱されました。第2章で説明した、素粒子の間に働く四つの力のうち、重力をのぞいた「弱い力」「強い力」「電磁力」について考えます。この三つの力は、強さや性質が大きく異なります。しかし大統一理論によれば、この三つの力は、宇宙が始まったビッグバンの超高温・超高エネルギーの時代には同じ一つの力で、宇宙が冷えるにしたがって三つに分化していったというのです［図3－6］。非常に魅力的な理論ですね。是非、この理論が正しいか否かを調べてみたくなります。ただし、この理論が主張する、力が統一されていた時代の宇宙の温度は、約100,000,000,000,000,000,000,000,000,000度、つまり10^{29}度というとんでもないもので、人類はおそらく、この温度を人工的につくることは未来永劫（みらいえいごう）できないでしょう。

ではどうしたら、この理論が正しいかどうかを知ることができるのでしょうか？

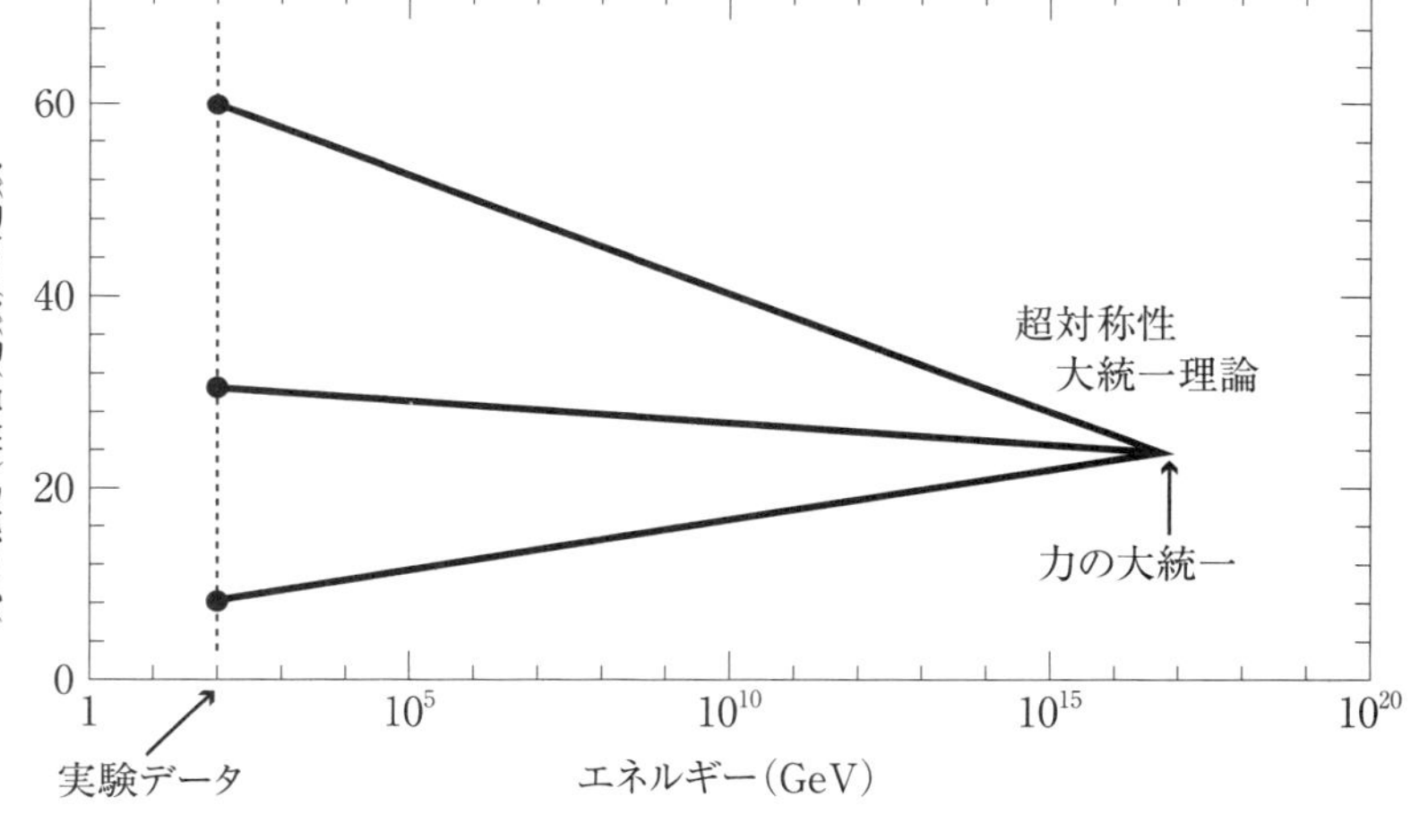

図3-6　電磁力、弱い力、強い力の三つが、おおよそ10^{16}ギガ電子ボルト（GeV）という高いエネルギーの１点で同じ強さの力になることを示唆する図。このときの宇宙の温度は10^{29}度。もちろん実際に測定された値ではなく、欧州原子核研究機構（CERN）の加速器 LEP での実験などで精密に測定された値（グラフの出発点）から予測された。縦軸は「力の強さの逆数」なので、力が弱いほど大きな値になる。高エネルギー加速器研究機構（KEK）ホームページ所載の図をもとに作成。

おもしろいことにこの理論は、必然的な帰結として陽子の崩壊を予言しています。陽子の寿命は非常に長いけれど十分測定可能で、だいたい10^{30}年くらいとされていました。ちなみに宇宙の年齢は約138億年、すなわち約10^{10}年です。陽子の寿命は宇宙の年齢と比べても非常に長いのですが、それでも有限だと予言されたのです。

宇宙の年齢より100億倍の100億倍も長い寿命を、どのようにしたら調べられるのでしょうか？ たしかに、もし陽子1個を観測してそれが壊れるのを待っていたら、10^{30}年くらいかかってしまいます。しかし、もし10^{30}個の陽子（ふつうの物質であれば約3トン中に、陽子と中性子がそれぞれ約10^{30}個含まれています）を観測したらどうでしょうか？ 1個くらいはたまたま1年で壊れるのではないでしょうか？

陽子やπ中間子などの素粒子の寿命は、人間の寿命とは意味合いが少しちがいます。人間の場合、大ざっぱに言えば、歳をとるごとに死亡率が上がっていきます。しかし素粒子は、生まれてからの時間と崩壊率には関係がありません。生まれてからの時間とは無関係に、同じ素粒子であればどの素粒子も一定時間内に同じ確率で崩壊するのです。そして半分が崩壊するまでの時間を、その粒子の半減期と呼びます（厳密には素粒子の寿命とは、素粒子が崩壊して、もともとの数の1/2.718……になる時間のことなのですが、ここでは簡単のため、半減期も寿命もだいたい同じと考えてください）。仮に人間の平均寿命を85歳とすると、その前後の年齢まで生きる人が多いですね。その倍の170歳まで生きる人はけっしていません。素粒子の場合、寿命の倍くらい生き残る陽子が、10個のうち1個か2個くらいありますが、生まれて間もなく崩壊する粒子もあるのです。

そこで1980年代初頭から、世界各地で陽子崩壊を探す実験が開始されました。大量の物質を長時間観測し、あるときその中の陽子の一つが壊れて、別な粒子が飛び出てくるのを観測しようというものでした。これらの実験も宇宙線の影響を避けるため、地下深くで行われました。

世界で五つほど行われた実験の一つが、日本の岐阜県神岡町（現飛騨市神岡町）で1983年7月から観測を始めた「カミオカンデ」実験でした。カミオカンデという名前は、KAMIOKA（神岡）Nucleon（核子、すなわち陽子と中性子の総称）Decay（崩壊）Experiment（実験）から取ったもので、KAMIOKANDE と書きます。この名前は、実験を発案された東京大学の小柴昌俊教授（当時）の提案です（小柴先生は私の大学院時代の指導教官でしたので、直接面識のない過去の研究者やさほどつきあいのない研究者と同じように呼び捨てにする勇気は、とてもありません。この本の中でも「先生」と呼びますが、どうぞご理解ください）。

●カミオカンデの最初の目的

カミオカンデは地表から1000メートルの鉱山の坑道に設置された、直径約16メートル、高さ約16メートルの鉄製の水槽に、「純水」（不純物を取り除いた透明度の高い水）3000トンを蓄（たくわ）えた装置です［図3－7］。

大統一理論が予言した陽子の崩壊の仕方は何通りかありますが、もっとも多いと予想されたのは「陽子（p）→陽電子（e^+）＋電荷を持たないπ中間子（π^0）」というものです。π^0中間子はすぐに光子（γ線）2個に崩壊します。そして、この2本のγ線は水中で50センチメートルも走ると、そ

図3-7　カミオカンデ内部。最初の観測を終えて、第４章で説明する太陽ニュートリノの観測に向けて、測定器の改造を開始したときの写真。側面のいちばん下の列の光電子増倍管を取り外すため、まず下面と側面のいちばん下の光電子増倍管のまわりのプラスチックシートが取り外された。1984年撮影（東京大学宇宙線研究所神岡宇宙素粒子研究施設提供）。

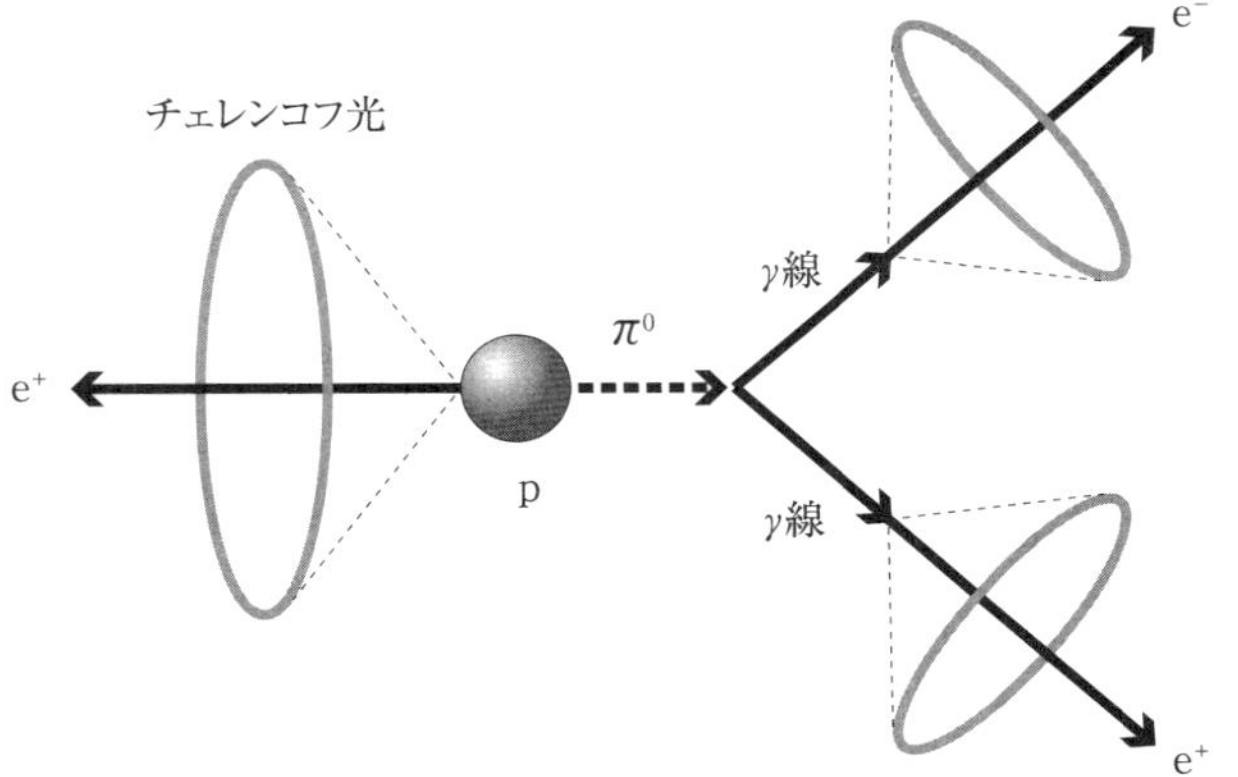

図3-8 陽子（p）が陽電子（e^+）と π^0 中間子に崩壊する様子。π^0 中間子は光子（γ線）2個に崩壊する。さらに2本のγ線はそれぞれ、電子（e^-）と陽電子（e^+）になる。「スーパーカミオカンデ」ホームページの、「陽子崩壊」の図をもとに作成。

れぞれ電子（e^-）と陽電子（e^+）になります［図3－8］。さらにこれらの電子（e^-）や陽電子（e^+）は水中でエネルギーを分配しながら、多くの電子（e^-）や陽電子（e^+）をつくります。これらの電子（e^-）や陽電子（e^+）（に限らず荷電粒子）は水中を走るとき、「チェレンコフ光」という光を進行方向に向けて発します。もし電子（e^-）や陽電子（e^+）の速度が真空中の光の速度とほとんど同じであれば、その角度θは約42度となります［図3－9］。このチェレンコフ光が壁に当たったときにできるドーナツのようなリングが3個観測され、そのうちのいちばん光の量の多いリングと他の二つのリングが反対を向いていれば、陽子崩壊の証明になるのです［図3－8］。装置はこのような現象を観測する目的で設計されました。

十分に感度のよい測定をするために、カミ

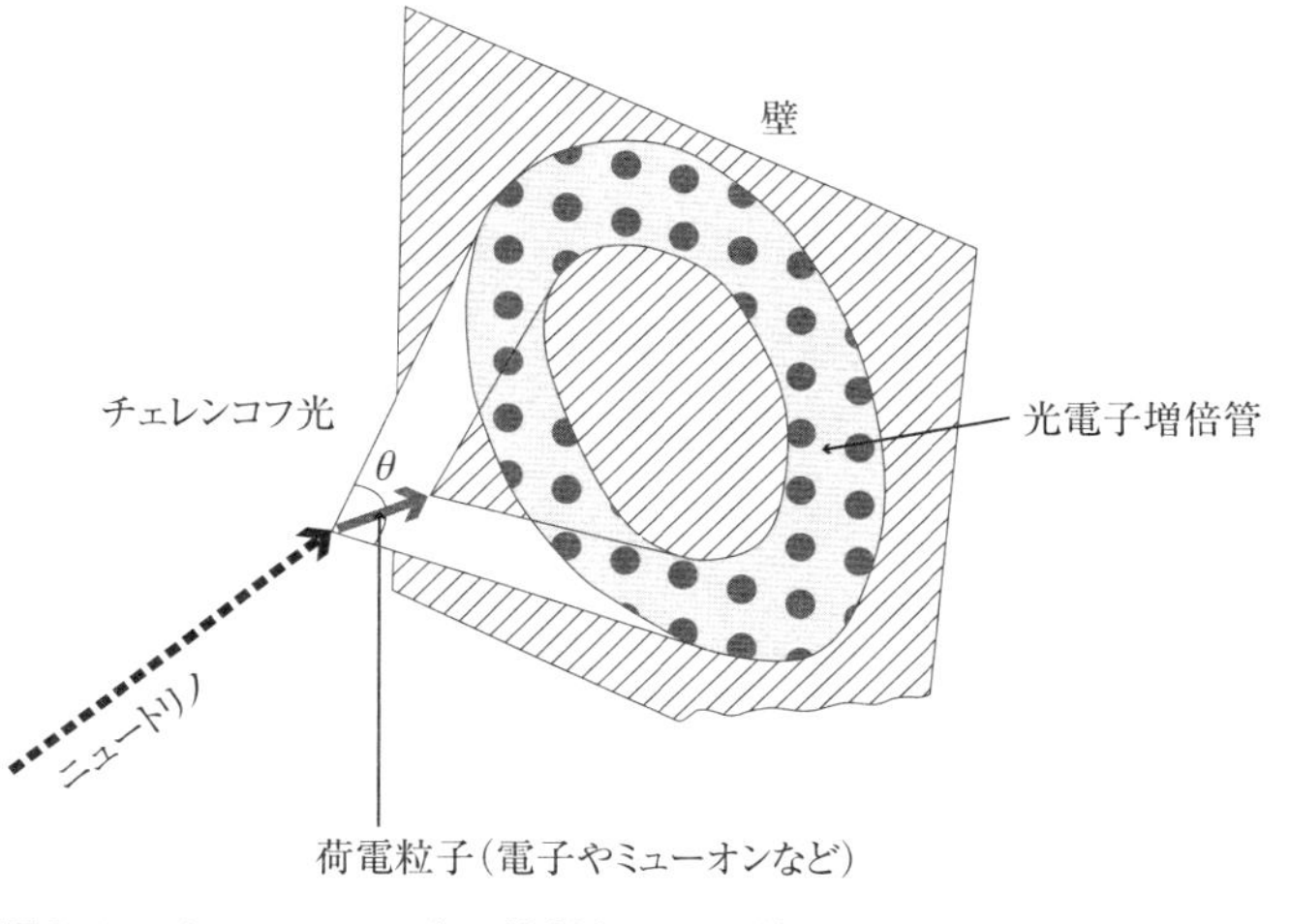

図3-9　チェレンコフ光の放射とそれを検出する光検出器（光電子増倍管）。

オカンデにはさまざまな工夫が施されています。

まず、バックグラウンドを取り除くために、インドや南アフリカの実験と同じように、地下につくられました。もしこの装置を地表に置いたなら、宇宙線由来のミューオンが1秒間に数万回も入射してくるはずです。すでに述べたようにミューオンは電子と同じく正または負の電荷を持つ荷電粒子ですから、高速で水中を走るとき、チェレンコフ光を発するのです。地下1000メートルまでもぐれば、岩盤を突き抜けてくるミューオンは10万分の1くらいまで減って、3秒に1回くらいの頻度まで落ちます。

ただ地下深くに行けばよいというものではありません。チェレンコフ光は非常に弱い光なので、できるかぎり発生した光を逃がさないようにしないといけません。そのため、不

図3-10　カミオカンデ実験で用いられた光電子増倍管（中央のいちばん大きいもの、直径50センチメートル）と、1980年当時存在していた大きさの光電子増倍管（左の２個）。陽子崩壊やニュートリノ反応で発生したチェレンコフ光は、光電子増倍管のオレンジ色のガラスの内側で吸収され、それと同時に電子が飛び出す。その電子は光電子増倍管の内部にある高電圧をかけた電極に引き寄せられ、そこで幾段にもわたって増幅され、大きな電気信号として取り出される（東京大学宇宙線研究所神岡宇宙素粒子研究施設提供）。

純物を取り除いて水の透明度を上げてあります。

またなによりも、よい精度で陽子崩壊を探すことが重要です。そうすれば、陽子崩壊の信号とバックグラウンドの区別も明確になりますし、陽子がどのような粒子に壊れたかも分かるはずです。そのためこの装置では、巨大な光検出器（光電子増倍管）を新たに開発して使用しました。

当時世の中に存在していたいちばん大きな光電子増倍管は直径12・5センチ［図3－10の左から2番目のもの］。これを使って十分精度の高い実験を行うためには、1万個以上を取りつけなければなりません。実験は、光電子増倍管だけでできるわけではありません。電子回路なども合わせると、非常に多額の予算が必要であることが分かりました。なんらかの方法で節約する必要があります。

小柴先生は浜松テレビ（現在の浜松ホトニクス）という会社と共同で、直径50センチという世界最大の巨大な光電子増倍管を開発し［図3－10中央の大きいもの］、1000個ほどを水槽の内側一面に取りつけました［図3－7］。

●ニュートリノは邪魔者

陽子崩壊を探すカミオカンデにとって、ニュートリノは邪魔者でしかありませんでした。どんなに測定器を地下深く設置しても避けられないバックグラウンドが、大気ニュートリノ反応なのです。ミューオンは地下にもぐることでかなり遮ることができますが、すでにお話ししたように、ニュートリノは、どんな地下深くまでもやってきて、ごく一部は、測定器の内部で水中の陽子や中性子と反応することがあります。

これはニュートリノ研究にとっては重要な点です。ニュートリノを研究するためにつくられたわけではないにもかかわらず、カミオカンデやこの時代の陽子崩壊実験は、宇宙線がつくるニュートリノと測定器内部の物質の相互作用を直接観測した、はじめての実験なのです。1960年代の南アフリカとインドの実験では、宇宙線由来のμニュートリノが、測定器の外にある岩盤中で陽子や中性子と反応して生成されたミューオンを観測しました。それに対してカミオカンデでは、南ア

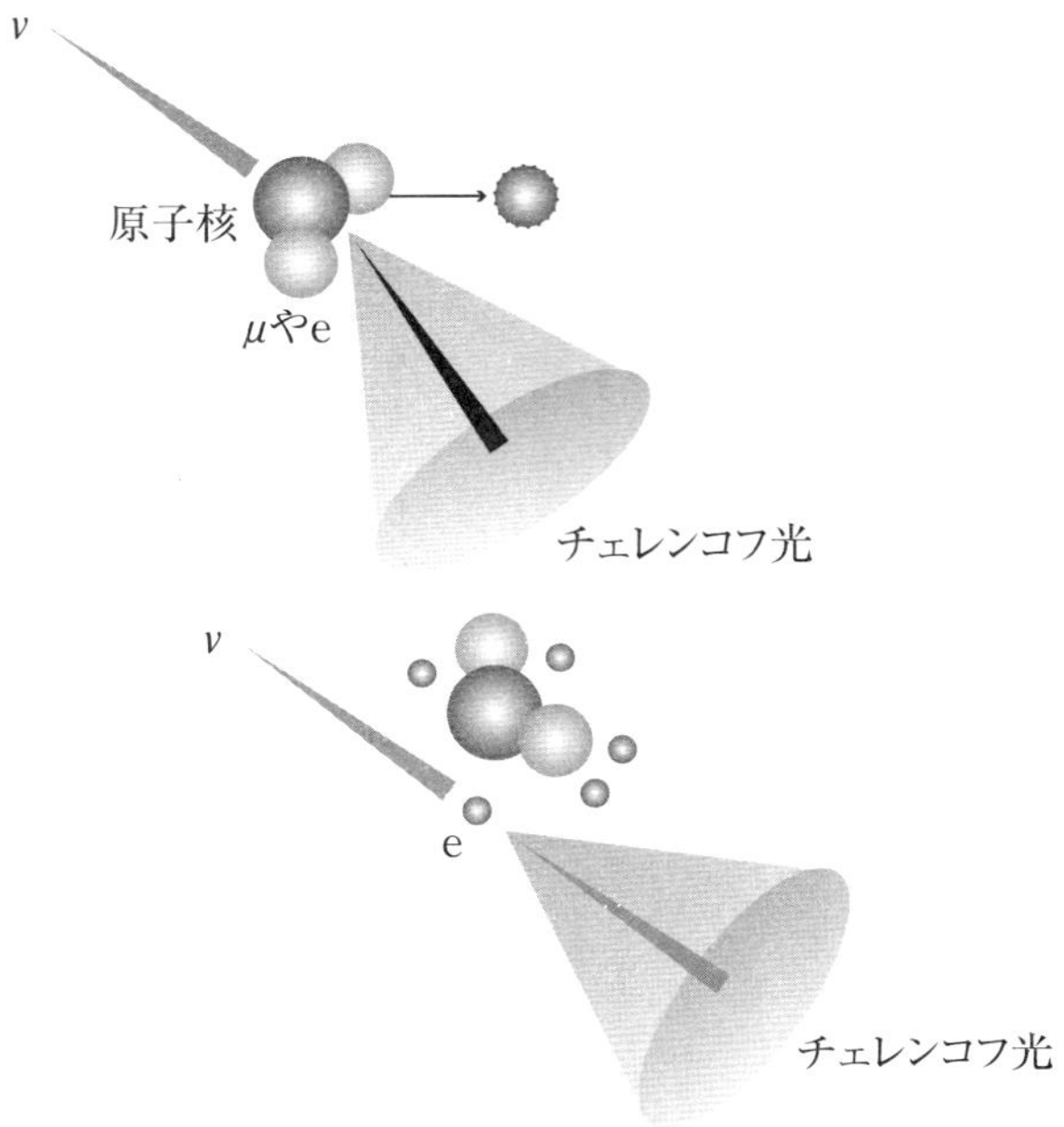

ν

原子核

μやe

チェレンコフ光

ν

e

チェレンコフ光

図3-11　カミオカンデの測定器中で起こるニュートリノ反応には、二つの種類がある。まず、原子核の陽子や中性子と衝突して電子（e）やミューオン（μ）をつくるもの（上。この章で議論している陽子崩壊の邪魔者としてのニュートリノの観測は、この反応を調べたもの）。もう一つは、電子（e）とぶつかってはじき飛ばすもの（下。この反応を「弾性散乱」と呼ぶ）。反応でできた電子（e）やミューオン（μ）、はじき飛ばされた電子（e）はどれも高速で飛び出るので、チェレンコフ光を出す。大気ニュートリノの場合は前者が圧倒的に多く、水を使った太陽ニュートリノ実験では後者を観測する。「スーパーカミオカンデ」ホームページの「検出原理」の図をもとに作成。

フリカやインドの実験と同様、岩盤中での反応の結果出てきて長い距離を走るミューオンも観測されますが、測定器の内側でニュートリノと陽子や中性子が衝突した結果出てきた高速の荷電粒子（電子、陽電子、正の電荷を持つミューオン、負の電荷を持つミューオンなど）であれば、なんでも観測されているのです。

また、これまでの大気ニュートリノ実験で、電子ニュートリノとμニュートリノの両方を観測できたものはありません。南アフリカとインドの実験では、電子ニュートリノが岩盤中で反応してできた電子は測定器にたどり着く前に止まってしまうため、観測することができませんでした。しかしカミオカンデやこの時代に始まった陽子崩壊実験ではμニュートリノと電子ニュートリノ、両方の反応を観測することができます。これも大きな改善です。カミオカンデの後の重大な発見は、電子ニュートリノ反応とμニュートリノ反応をともに観測できたことに大きくかかわっているのですが、それは第6章で述べることにして、ここではひとまず話を区切ります。

話を元に戻しましょう。いったいどのようにして、陽子崩壊とバックグラウンドである大気ニュートリノ反応のちがいをはっきりさせればよいのでしょう。

たとえば、さきほど挙げた、陽子（p）が陽電子（e^+）1個とπ^0中間子1個に壊れるのを探すとしましょう。π^0中間子はすぐに2本のγ線に壊れ、これら2本のγ線は水中で陽電子（e^+）と電子（e^-）になります。γ線からつくられた電子（e^-）と陽電子（e^+）はほとんど同じ方向に進むし、また電子（e^-）と陽電子（e^+）は、カミオカンデには同じように見えます。つまり陽子（p）が壊れるとカミオカンデでは、電子（e^-）がつくったような3個のチェレンコフ光のリングが観測される

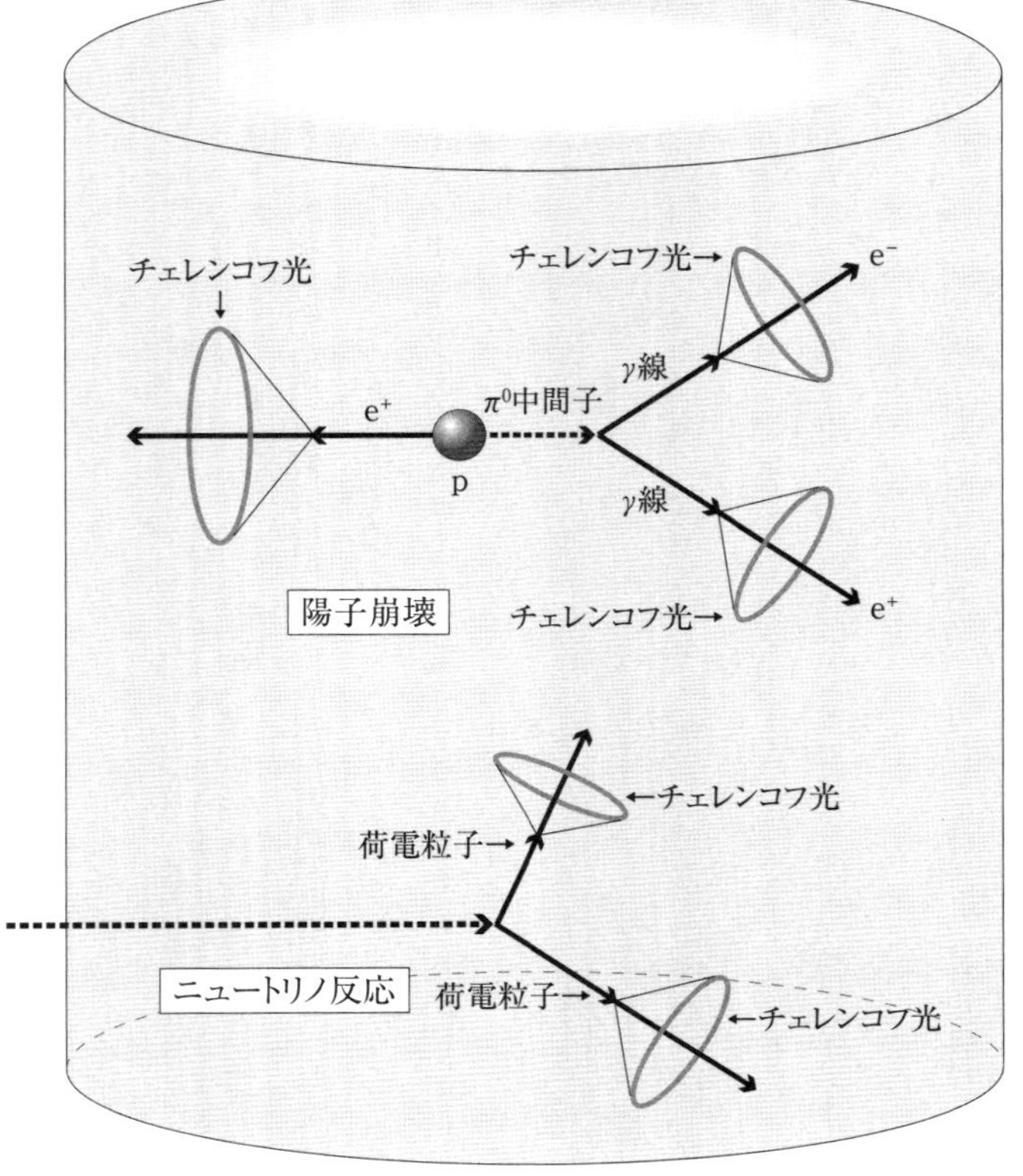

図3-12　陽子崩壊とニュートリノ反応のイメージ。ニュートリノ反応と陽子崩壊はともに水槽の中で発生する。そのため両者を見分けるには、リングの数や、それぞれのリングの方向などのさまざまな情報を使って調べる必要がある。上：止まっている陽子（p）が崩壊したときの三つのチェレンコフ光のうち、陽電子（e^+）由来のいちばんエネルギーの高いものと、γ線由来の他の二つは、反対方向に向かう。下：高速で飛び込んでくるニュートリノの反応でつくられた電子やミューオンのチェレンコフ光はニュートリノと同じような方向に向かうはずだ。

はずです［図3－8］。

ニュートリノ反応でも3個のチェレンコフリングが観測されることがたまにあります。原理的には、陽子はもともと測定器中で止まっていたものが崩壊するので、反応の結果出てきた三つのリング（陽電子＝e^+と2本のγ線由来）のうち、いちばんエネルギーの高いもの（陽電子＝e^+）と、他の二つのリング（2本のγ線由来）は、反対方向を向くはずです［図3－12上］。もう少し正確に言えば、全運動量の合計は0のはずです。一方、ニュートリノ反応では、もともと高エネルギーのニュートリノが測定器に入ってきて水中の陽子や中性子と衝突するので、出てきた粒子由来のチェレンコフ光のリングも、飛んできたニュートリノと同じような方向に多く出ているはずです［図3－12下］。正確に言えば、運動量が保存しているので、全運動量の合計がゼロではなく、ニュートリノの運動量と等しくなるはずです。

このように陽子崩壊とニュートリノ反応は区別ができるのですが、もう少し考えを進めて、陽子崩壊が観測されたときに、どのような粒子に壊れるかを調べることを考えてみましょう。もし、3個のチェレンコフ光のリングが観測されたとして、リングのどれかがミューオンがつくったものなら、この事象はいま探している陽子の壊れ方ではありません。つまりミューオンのつくったリングと電子のつくったリングを区別できれば、陽子が壊れるとして、どのような粒子に壊れたかをはっきり見極めることができます。そのために、リングが複数観測されたとき、それぞれの粒子が電子のような粒子なのか、ミューオンのような粒子なのかを解析できることが重要になります。粒子が電子かミューオンかを区別することは、どの実験でもできるわけではありませんが、カミオカンデでは大きな光電子増倍管を使ったため、それが可能になりました。

ところで肝心の陽子崩壊ですが、１０００トンの水中で、多ければ1日に1回程度と予想されました。しかし残念なことに、カミオカンデでは観測されませんでした。その後、後で述べるさらに大規模なスーパーカミオカンデ実験でも、約20年間観測をつづけていますが、いまだに陽子崩壊の信号は観測されていません。

第4章　太陽でつくられるニュートリノ

もともと陽子崩壊の観測のためにつくられたカミオカンデは、観測を始めてほどなく、太陽ニュートリノの観測をめざして大規模な改造に乗り出します。最初の成果の一つは、太陽からやってくるニュートリノの観測値が理論値と異なることを、あらためて証明したことです。

カミオカンデの建設は、ちょうど私の大学院時代と重なっています。研究者の卵として装置建設の現場に参加した頃を振り返り、研究者の仕事のあまり知られていない側面も紹介しようと思います。

●太陽のエネルギー源

太陽の膨大なエネルギーがどのようにつくられているかは、19世紀以来、科学者たちを悩ませていました。もし、なにかが燃えて光と熱を出しているとすると、太陽の長い寿命を説明できません。他にもいくつかの説が出されましたが、どれもどこか辻褄(つじつま)の合わないところがありました。まだ核分裂や核融合が知られていなかった時代ですから、仕方ないですね。「標準太陽モデル」と呼ばれる現在の理論は1939年、相対性理論や原子核のβ崩壊の理論の成果に基づいてハンス・ベーテが発表した論文をもとに、積み重ねられてきたものです。

太陽の中心部は約1600万度・1立方センチメートル当たり約150グラムと、非常に高温・高密度です。主に水素とヘリウムからできていますが、常温であれば気体の水素やヘリウムが、原子核のまわりの電子がはがれて別々に飛び回る「プラズマ」の状態になっています。そして水素原子核（陽子＝p）どうしがくっついて核融合を起こし、いくつかの過程を経て、最終的にヘリウム原子核（^{4}He）1個と陽電子（e^+）2個と電子ニュートリノ（ν_e）2個が生成されます［陽子・陽子連鎖核融合反応。図4－1］。

例を挙げて説明しましょう。図中の「$p+p \rightarrow {}^2H+e^+ +\nu_e$」「$^2H+p \rightarrow {}^3He+\gamma$」「$^3He+{}^3He \rightarrow {}^4He+p+p$」の連鎖反応を見てください。最初の二つの反応で、陽子3個から^{3}He（原子核が陽子2個と中性子1個からなるヘリウムの同位体）、陽電子（e^+）、電子ニュートリノ（ν_e）とγ線が一つずつできました。3番目の式では、二つの^{3}Heが反応して、ヘリウム（^{4}He）が1個と陽子（p）2個ができています。つまり3番目の反応が起こるためには、1、2番目の反応は、^{3}Heを2個つくるために）2回起きていないといけません。すると結局、陽子（p）6個から^{3}He、陽電子（e^+）、電子ニュートリノ（ν_e）とγ線がそれぞれ2個つくられ、さらにこの2個の^{3}Heから^{4}Heと陽子（p）2個

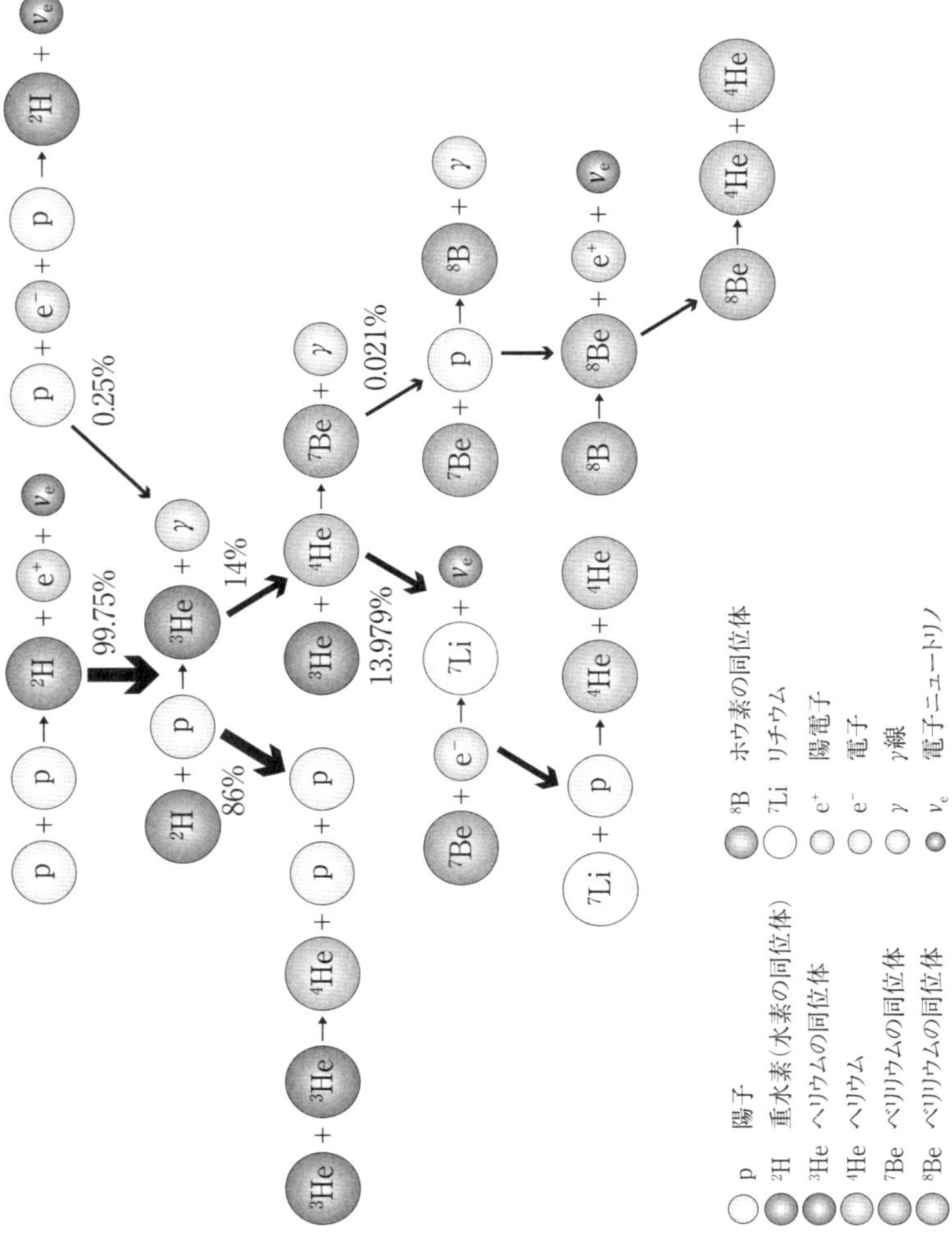

図4-1　太陽中心部の核融合反応はまず、二つの陽子（p）から重水素（^{2}H）と陽電子（e^+）と電子ニュートリノ（ν_e）がつくられる反応（$p+p \rightarrow {}^2H+e^+ +\nu_e$）で始まる。太陽ニュートリノのほとんどはこのときつくられる「pp 太陽ニュートリノ」。その後最終的にヘリウム原子核（^{4}He）がつくられるまでの反応の過程で、「pep」「hep」「^{7}Be」「^{8}B」などと呼ばれる、さまざまなエネルギーの電子ニュートリノ（ν_e）がつくられる。

がつくられます。つくられた陽子（p）2個は、また最初の反応のもとになるので、「4個の陽子（p）からヘリウム（^{4}He）と2個の陽電子（e^{+}）と2個の電子ニュートリノ（ν_e）がつくられる」ことになるのです（他の分岐に行く連鎖反応でも同じです。みなさん、たしかめてみてください）。

このような核融合反応の際に生まれた大量の熱が、太陽のエネルギー源なのです。

太陽中心部の核融合でつくられるさまざまなエネルギーのニュートリノを、「太陽ニュートリノ」と呼んでいます【図4−2】。「はじめに」でもふれたように、太陽の中心でつくられたニュートリノは、途中物質とほとんど相互作用することもなく、約8分後には地球にたどり着きます。つまり太陽ニュートリノを観測すれば、太陽の中心部で起こっている核融合を直接観測し、核融合によるエネルギー生成の様子を直接調べることができるのです。

一方太陽中心で生成された熱は、γ線として、いろいろな物質と相互作用しながら、数十万年をかけて温度が中心部よりだいぶ低い太陽の表面にたどり着き、より波長の長い光（もちろん可視光を含みます）として放射されます。この間に、最初の核融合反応の情報は失われてしまいますから、いくら精密にこの光を観測しても、直接中心部分の様子を知ることはできません。

少し余談になりますが、人類が核融合を地上で起こさせてエネルギー源にしようとしている「重水素＋3重水素→ヘリウム＋陽子」という反応は、原子核をつなぎ止めておく「強い力」で起こります。「強い力」が働かないかぎり、正の電荷を持つ原子核どうしは結びつきません。それに対して太陽の核融合の過程ではまず、「陽子＋陽子→重水素＋陽電子＋電子ニュートリノ→重水素＋陽子」という反応が起こります。これには、「弱い力」もかかわっています。第2章で、ニュートリ

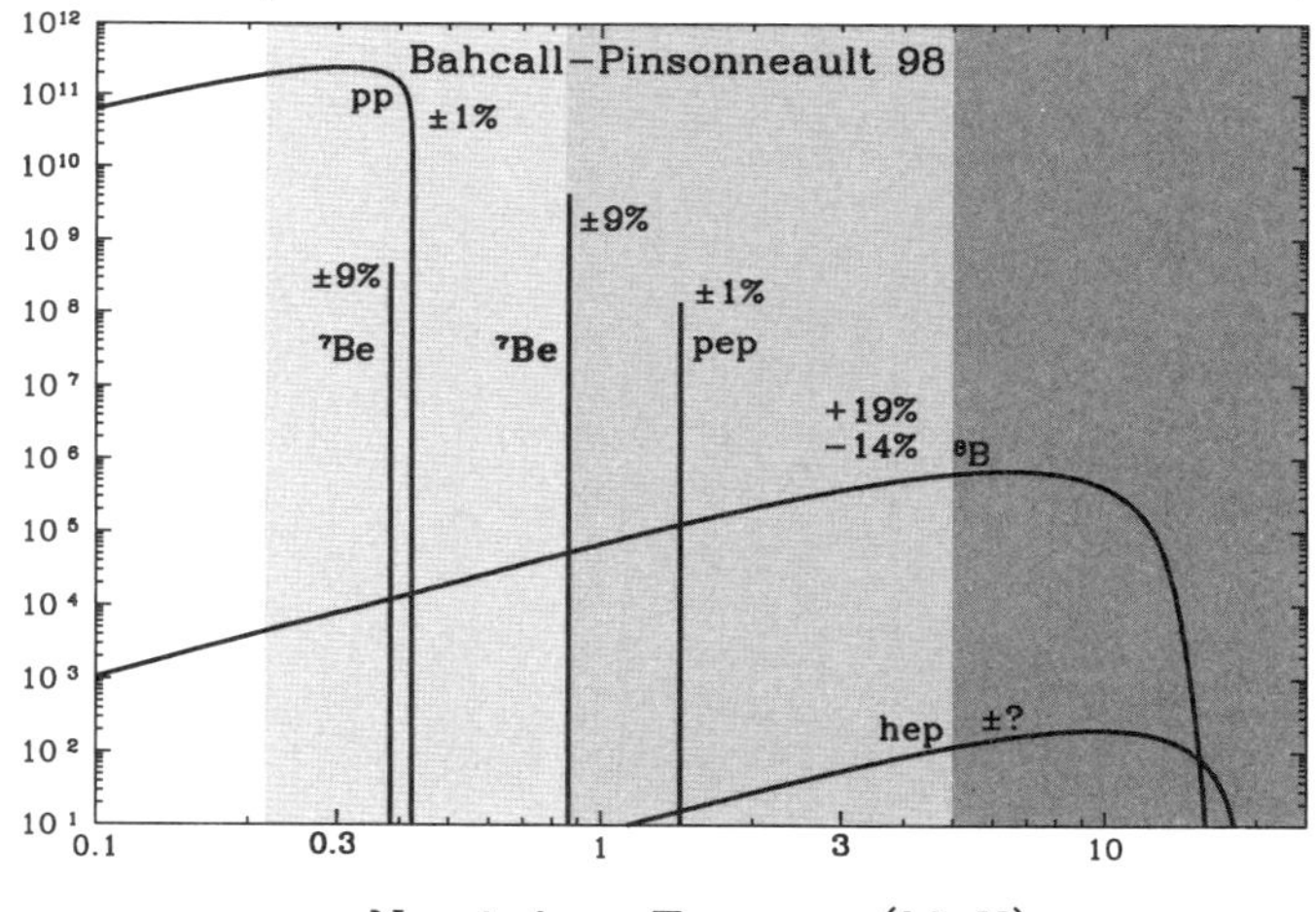

図4-2　太陽ニュートリノのエネルギースペクトル。縦軸は、地上に1平方センチメートルあたり毎秒飛来するニュートリノの数。横軸はニュートリノのエネルギー。この章で紹介するカミオカンデが観測できるのは、「SuperK, SNO」と記された図中の色の濃い部分（主に「^{8}B」）、レイモンド・デイヴィスの装置で観測できるのは、「Chlorine」と記された中くらいの色の濃さの部分（主に「^{7}Be」と「^{8}B」）。エネルギーが低い pp 太陽ニュートリノの観測は、第8章で紹介するガリウムを使った実験（「Gallium」と記された図の色の薄い部分）まで待たなければならなかった。ジョン・バーコールらの論文から転載。

ノは「弱い力」の働きで、ごく稀にだが物質と相互作用する、と説明しましたね。つまりニュートリノがかかわる太陽中心の核融合反応は、非常に起こりにくいと想像できます。

この「起こりにくさ」は、私たちともいささかの関係があります。太陽の寿命は生まれてから燃え尽きるまで100億年と考えられています。最初の核融合にニュートリノがかかわっているため、反応がひどく起こりにくく、太陽の燃料消費をすごくゆっくりにしている結果です。「はじめに」で、世の中にニュートリノがないと太陽の核融合が起こらないので、地球があったとしても私たちが住む環境は生まれない、と書いたのはこういうことです。そのうえニュートリノが核融合のスピードにブレーキをかけているおかげで、太陽は私たちの地球に生命が生まれて進化するのに必要な長い時間、輝きつづけているのです。

●レイモンド・デイヴィスの観測――「太陽ニュートリノ問題」

さて、太陽中心で生まれたニュートリノは、そのままで太陽の外まで飛び出るので、ニュートリノを使った天体の観測は、光学的観測では得られない天体深部の情報を得られる、非常にユニークなものです。

すでに1960年代後半から、ブルックヘヴン国立研究所のレイモンド・デイヴィス［図4－3］の研究グループは太陽ニュートリノの観測を始めていました。太陽からニュートリノが来ていることが観測されれば、それは太陽中心で核融合反応が起こっていることの証明、つまり標準的な太陽のエネルギー生成の理論が正しいことの証明になります。

図4-3　アメリカ・サウスダコタ州のホームステイク金山の地下1500メートルに置かれたニュートリノ観測装置と、レイモンド・デイヴィス（1978年、ともにCourtesy of Brookhaven National Laboratory）。

デイヴィスの装置も、宇宙線由来のミューオンがやってこない金山の地下に置かれていました。観測に用いたのは、約600トンの塩素化合物（C_2Cl_4）です。太陽から飛来する電子ニュートリノがタンク内の塩素原子核中の中性子と反応すると、中性子は電子を放出して陽子に変わります。つまり塩素原子より一つ原子番号の大きいアルゴン原子が生成されるのです（$\nu_e + {}^{37}Cl \rightarrow e^- + {}^{37}Ar$）。もし生成されたアルゴンの数を数えることができれば、ニュートリノの反応数が分かります。このように塩素を使ってニュートリノ反応を観測するアイデアはすでに、ブルーノ・ポンテコルヴォやルイス・アルヴァレズによって1940年代に出されていて、デイヴィスも1950年代のはじめには、この方法で小さな太陽ニュートリノ実験を行っています。小さい実験なので、太陽ニュートリノは観測されなかったのですが、塩素を使った太陽ニュートリノ実験が可能であることが分かりました。このような研究の歴史を経て1960年代につくられた本格的な太陽ニュートリノ実験のタンクを図4—3に示しました。このアルゴン原子の数を数えて、太陽ニュートリノの数を観測しようというものでした。

ところで、いまあっさり「アルゴン原子の数を数える」と書きましたが、少し注意が必要です。600トンのタンク中にある原子の数はおおよそ10^{31}個です。たとえば2カ月の間にタンク中に生成され、数えるべきアルゴン原子の数を計算すると、おおよそ20個です。つまり、10^{31}個の中から20個をきちんと取り出して、数える必要があるのです。この実験が簡単でないことは、容易に想像がつくかと思います

デイヴィスの実験チームは、この装置で太陽ニュートリノの観測に成功しました。太陽は理論の

予想どおり核融合で輝いていることを、はじめて直接的に示したのです。デイヴィスは２００２年、この業績によって、小柴昌俊先生とともにノーベル物理学賞を受賞しています。

ただ驚くべきことに、この実験で観測された太陽ニュートリノの数は、標準的な太陽モデルに基づく理論予想値の3分の1程度でした。１９７０年頃のことです。これが「太陽ニュートリノの謎」と呼ばれた大問題です。ただ前の段落で説明したように、デイヴィスの実験は技術的に非常にむずかしいため、その後20年近く、誰もその結果が正しいのかどうか確かめることすらできませんでした。

なお、付け加えますと、この実験は電子ニュートリノだけが測れる実験で、もし太陽から電子ニュートリノ以外のニュートリノが飛来していても、観測できません。このことは後で重要な意味を持ってきますので、覚えておいてください。

●カミオカンデをつくる

この問題にまったく別な方法で取り組んだのが、カミオカンデでした。第3章で述べたように、カミオカンデはもともと、「大統一理論」で予言された陽子の崩壊を探すために、東京大学の小柴昌俊教授（当時）の発案のもと、岐阜県神岡町（現飛騨市神岡町）の鉱山の地下に設計・建設された実験装置でした。直径約16メートル、高さ約16メートルの鉄製の水槽に、純水３０００トンを蓄え（たくわ）た装置です。私も大学院学生としてこの装置の建設に参加し、研究者としてまたとない貴重な経験をしました。研究者や大学院学生の仕事は、コンピュータと向かい合ってデータを解析したり論文を書いているだけではありません。実験のデータをきちんと理解して解析するためには、実験装置そのものをきちんと知っていないといけません。そのため、実験装置の建設は大切な研究の一部だということを知ってもらうために、少し書いておきます。

カミオカンデの建設が現地の神岡で本格的に始まったのは、１９８３年の3月頃からだと記憶しています。装置を設置する空洞は、当時神岡鉱山を所有していた三井金属鉱業（現神岡鉱業）が掘りました。その後、鋼板で水槽が建設されました［図４－４］。それから、陽子が崩壊したときに出るチェレンコフ光を検出するための光電子増倍管を、水槽の内側に取りつけていきます。

まず、底面と底面からアクセスできる側面の下から2段目までの取りつけから始まりました。一部をこの作業のために雇った方にお願いしたものの、作業の多くは研究者と大学院学生の総勢10人以下で行われました。図４－５は鉱山の入り口で撮った写真です。当時、入坑するには鉱山のトロッコに同乗するしかなく、朝の7時10分あるいは7時20分坑口発の便で入坑しました。図４－６はトロッコ内で撮った写真です。出坑は、鉱山の人たちの多くは15時18分あたりのトロッコですが、私たちは早くて16時18分、だいたいの場合は17時08分だったと思います。

底面と側面2段分の光電子増倍管の水槽への取りつけは、つつがなく終わったように思えました。これより上は底面からではできないので、水槽に水を入れてゴムボートを浮かせ、これに乗って行うことになっていました。そしていよいよ、水槽に水を入れようというときです。光電子増倍管が本当に問題なく接続され、光電子増倍管からの信号がケーブルを伝わってきちんと水槽の外まで伝わっているかどうか、確認したいという意見が出て、いろいろ議論したうえで結局、やはり最低限

図4-4　神岡鉱山の地下に掘削された空洞に、カミオカンデの3000トンの水槽を建設している写真。1983年初め頃と思われる。

図4-5　カミオカンデの建設時に鉱山の坑口で撮った写真。写真中いちばん左が当時助教授だった戸塚洋二先生、左から５番目が小柴昌俊先生、私は左から４番目。1983年春（東京大学宇宙線研究所神岡宇宙素粒子研究施設提供）。

の確認はしようということになりました。

そこで、数人がふつうの時刻に出坑せずに居残り、確認作業を行ったのですが、結果は大問題の発覚。水に浸かる光電子増倍管からのケーブルには、熱をかけて防水処理をするのですが、念入りに熱をかけすぎてしまったらしく、ケーブルの被覆が溶けてしまったようなのです。高電圧がかかる線とグラウンド（アース）線が接触して電圧をかけることができず、実験どころではありませんでした。この日の22時過ぎのトロッコで出坑してきた人たちの顔を忘れることができません。

幸いにもこの問題はよい解決策が見つかり、1週間後には修理を終えて、無事に水槽に1メートルほどの水が入りました。当時、現場での指揮は宇宙線研究所の助教授だった須田英博先生［図4－6右端］がとっていました。解決策も須田先生の提案によるものです。

そして、たった1メートル程度の水深ではありましたが、ミューオンが通ったときのチェレンコフ光が観測できました。当時のコンピュータの画面は、現在のようなさまざまな図面や写真が表示できるようなものではなく、単に光電子増倍管のだいたいの位置と、検出された光信号の大きさを数字で表示しただけのものでしたが、このときのうれしさは忘れられません。

この後はゴムボートに乗って、次第に水の量を増やしながら光電子増倍管を一つ一つ取りつけていきました。当初は、足場を組んで取りつけを行う案もあったのですが、安全性を考えて、最終的にゴムボートを利用することになりました。おかげで高所作業に慣れていない私たちでも、落ちてけがをする心配もなく安心して作業ができました。もっともゴムボートは不安定で、結構ヨロヨロすることもあったのを覚えています。図4－7に側面の光電子増倍管の取りつけのときの写真を示

図4-6　カミオカンデに入坑する際の鉱山のトロッコの内部。右端が須田英博先生、左端が私、その隣が小柴先生（東京大学宇宙線研究所神岡宇宙素粒子研究施設提供）。

図4-7　カミオカンデ建設時に側面の光電子増倍管をゴムボートに乗って取りつけているところ。水面の下には光電子増倍管が取りつけられている。水面より上には、光電子増倍管を取りつけるためのフレームが見える。1983年春（東京大学宇宙線研究所神岡宇宙素粒子研究施設提供）。

します。

このようにして作業が完了し、１９８３年7月6日、カミオカンデはデータ収集を開始することができました。

長々と当時のことを書きました。観測研究を行う研究者の研究の一面を知ってもらえたでしょうか。私にとっては楽しく、いまでも本当に懐かしい思い出です。

●太陽ニュートリノも調べよう——カミオカンデの改造

カミオカンデで観測を始めて間もなく、目当ての陽子崩壊はその兆候がないのですが、巨大な光電子増倍管の性能が非常によく、小柴先生はすぐに、少し装置を改造すれば、エネルギーの低い太陽ニュートリノも観測にかかるのではないかと考えはじめました。

さきほど述べたように、レイモンド・デイヴィスは早くから太陽ニュートリノを観測していましたが、デイヴィスのデータと標準太陽モデルのデータが合わないという問題が存在していました。デイヴィスの実験に問題があるからでしょうか？　それとも、理論が間違っているのでしょうか？あるいはもっと他の理由があるのでしょうか。別の実験で明らかにしなければいけません。そこで小柴先生の発案で、カミオカンデを改造して太陽ニュートリノを観測しようということになりました。１９８３年の秋口です。

とはいえ、この改造はたやすいことではありませんでした。細かく話すと煩雑すぎるので、少しだけの説明にしましょう。太陽ニュートリノ信号のエネルギーは、だいたい陽子崩壊の信号の大きさの100分の1で、自然界に存在する放射線と大差ありません。太陽ニュートリノを観測できるところまでカミオカンデの観測可能エネルギーを下げると、必然的に自然放射線も拾ってしまいます。装置から自然界の放射線の影響を取り除く必要があります。どのようにしたらよいのでしょうか？　岩盤などから飛んでくる放射線を大量の物質、この場合は水で遮り（さえぎ）、また測定器の水中から放射線不純物を徹底的に取り除けばよいのです。本当に話を簡単にすると、最初につくった3000トンのカミオカンデの水槽と岩盤の間を約1500トンの水で覆い、また純水装置もすごくパワーアップして、放射線不純物を徹底的に除去できるようにしました。

1984年から本格的に始まった太陽ニュートリノ観測に向けての装置の改良もまた研究者や大学院学生が中心となって進め、いろいろな試行錯誤と努力の末、1987年1月にやっと観測できるところまで進み、1989年には最初の結果がまとまりました。

●やはり少なかった太陽ニュートリノ

カミオカンデで観測される太陽ニュートリノの反応は、第3章［図3－11］で述べた2種類のうち、電子ニュートリノが電子をはじき飛ばす「弾性散乱」です。観測された太陽ニュートリノは10日に1例くらいの割合でした。

あたりまえですが、太陽ニュートリノは太陽の方向からやってきます。デイヴィスの実験では、ニュートリノがやってきたことは分かるけれど、いつ、どの方向から来たのかも、どのくらいのエネルギーなのかも分かりません。しかしカミオカンデの方法なら、ニュートリノがやってきた方角

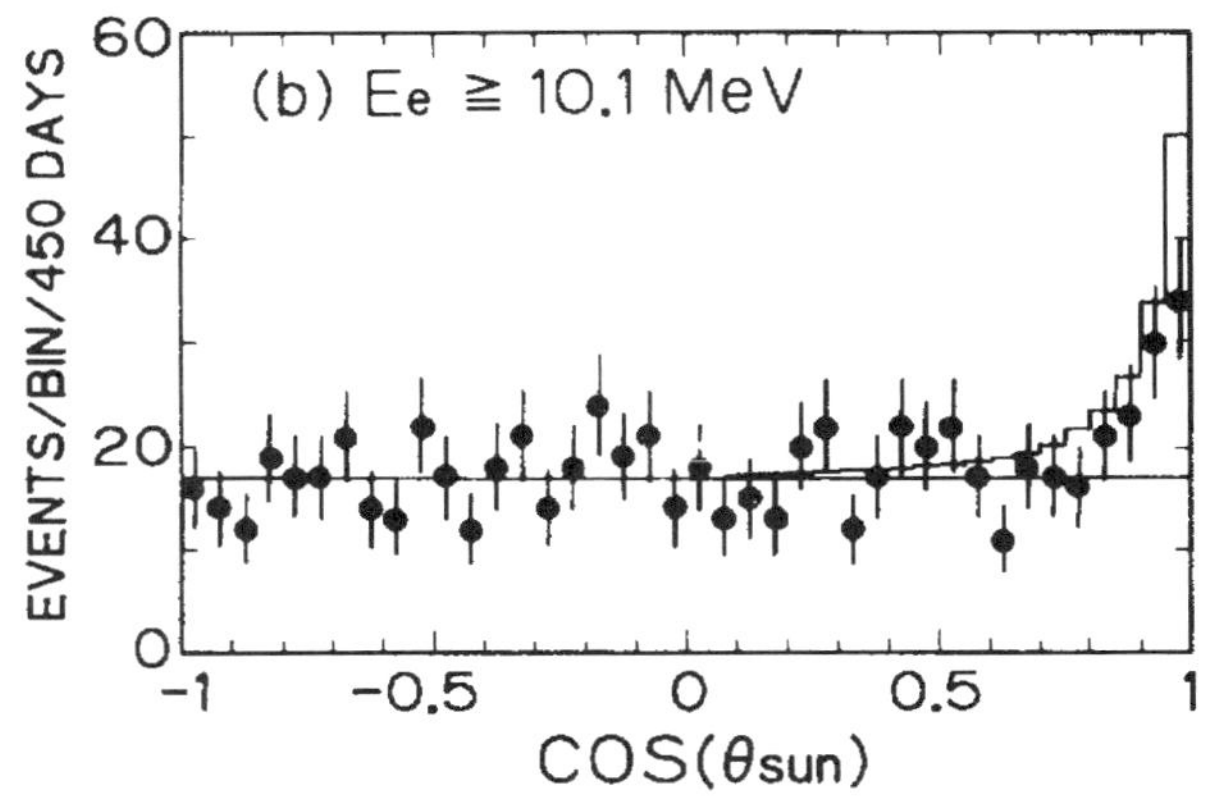

図4-8　最初に公表されたカミオカンデ450日間の太陽ニュートリノ観測のデータ。K. S. Hirata, et al., *Physical Review Letters*, 63, 16 (1989) より転載。縦軸は事象の数。横軸は太陽方向との相関。図中の平らな部分は太陽ニュートリノと関係ない「バックグラウンド」(他の自然放射線起源のノイズ)。ヒストグラム（階段状の部分）は理論値で、誤差棒つきの黒丸のデータは明らかに理論値より低いことが分かる。

や時刻、エネルギーを特定することができます。また、太陽方向から来る信号が他の方向からの信号より多ければ、その差が太陽ニュートリノということも明らかです。

そして観測された太陽ニュートリノの数は、「理論の予言値の半分程度」というものでした。つまりカミオカンデでも、理論どおりの数が観測されなかったのです。図4－8に示したのがカミオカンデの最初の太陽ニュートリノの観測結果です。

こうして約20年を経て、デイヴィスの観測実験が根本的に間違っていないであろうと結論されたのです。もしかしたら私たちの太陽の理解が間違っているのかもしれません。それとともにこの頃から、太陽ニュートリノ問題は、なにかニュートリノの性質と関係しているのではないだろうかという予想が、真剣に議論されるようになってきました。この問題が決着するには、次世代の太陽ニュートリノ観測実験の精密データが必要でした。このことは、あらためて第8章で述べます。

第5章　超新星爆発とニュートリノ

この章では、カミオカンデのもっとも注目を集めた業績の一つ、「超新星ニュートリノの観測」を紹介します。突然夜空にあらわれて明るく輝く超新星の記録は古くから残されています。超新星爆発の仕組みを説明する理論によると、このときのエネルギーの99%はニュートリノとして持ち出されます。カミオカンデは世界ではじめて超新星ニュートリノの観測に成功し、超新星爆発の理論が基本的に正しいことを証明したのです。

●重い星の最後の姿

太陽ニュートリノ観測に向けたカミオカンデの改造がひととおり終わった1987年の2月、予想もしていなかったことが起こりました。超新星の爆発です。

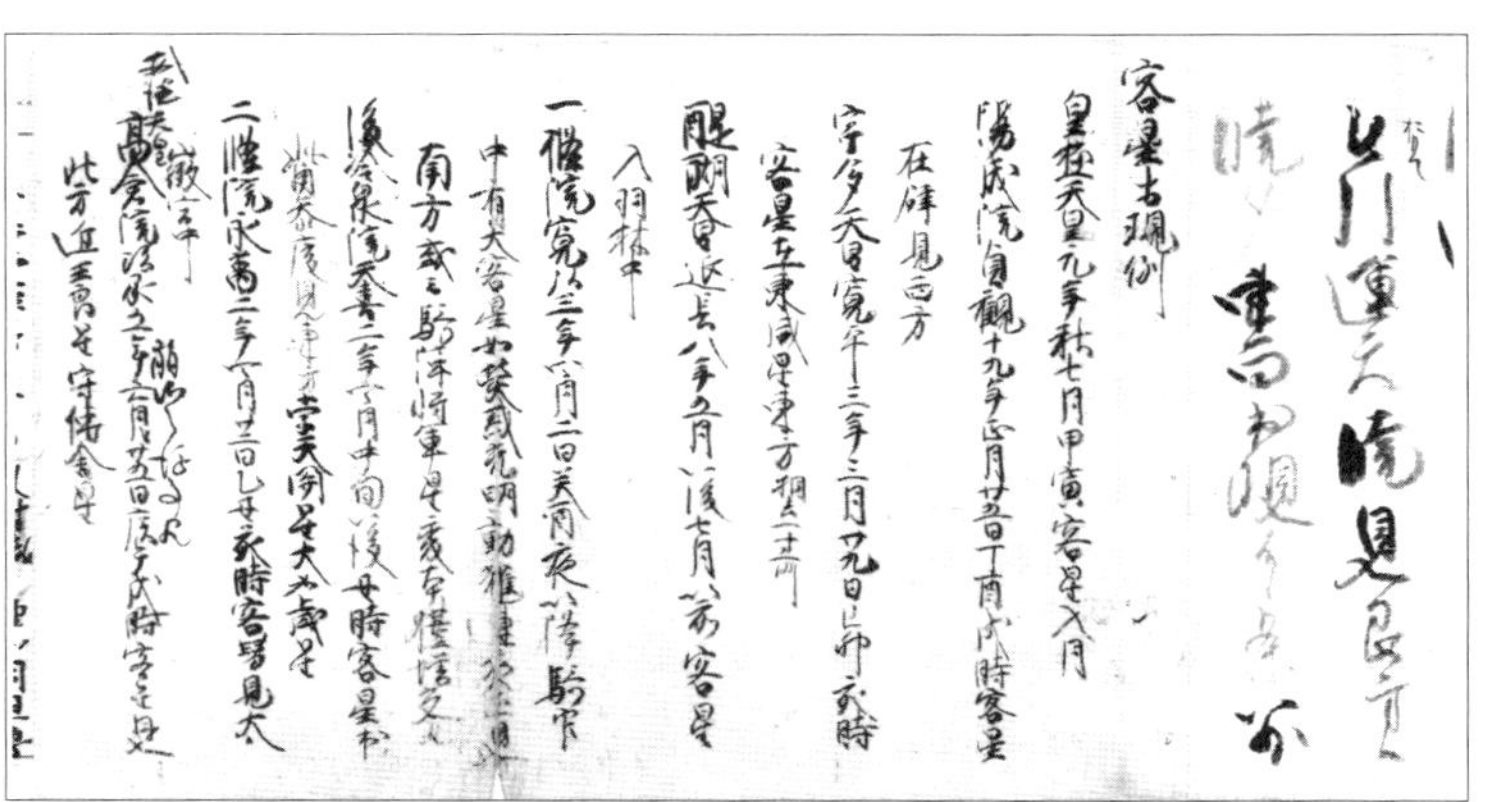

図5−1　『明月記』の「客星出現例」の記録。寛喜２（1230）年11月に出現した「客星」（このときは超新星爆発ではなく彗星）の記述中に、過去に知られている「客星」が挙げられている（冷泉家時雨亭文庫提供）。

超新星は、ある日なんの前触れもなく、天球上のどこかに非常に明るい星があらわれる現象で、一つの超新星が銀河全体の明るさを上回るくらい、明るい星です。一つの銀河で30年から100年に1度くらい起きていると考えられています。

このような明るい星があらわれた記録は、1000年をさかのぼることができます。たとえば図5−1は、鎌倉時代の歌人・藤原定家の日記『明月記』の「客星出現例」（寛喜2＝1230年11月）ですが、「一条院寛弘三年四月二日」の「大客星」は1006年の、「後冷泉院天喜二年四月中旬」の「客星」は1054年の、「高倉院治承五年六月二十五日」の「客星」は1181年の超新星のことだそうです。どれも、私たちの銀河系で起こった爆発です。1006年のものは、歴史上に記録されたもっとも明るい超新星と言われていますが、現在は肉眼で見ることはできません。1054年の超新星は、現在「かに星雲」として観測されるものです［図5－2］。

ある日新しい星、それも非常に明るい星があらわれたために「超新星」という呼び名がつけられたのでしょう。いまでは科学的に発生メカニズムの解明が進み、超新星は新しい星が生まれたのではなく、重い恒星の最後の姿だということが分かっています。順を追って説明しましょう。

太陽は水素原子核（陽子）どうしの核融合反応で燃えていると、第4章で述べました。この反応にはニュートリノが関係し、「弱い力」がかかわるので、非常にゆっくりと進みます。その結果、太陽くらいの質量の星なら、100億年も燃えつづけるでしょう。しかし、いずれ陽子を燃やし尽くして燃料がなくなってしまうはずです。その後どうなるかというと、燃料がないので燃えず、中心部の熱が生み出されないため、星の中心部から外に向かう圧力がなくなってきます。そのため、星の外側の物質が星の中心部に落ち込むのに対抗する力が働かなくなります。すると、星は自分自身の重力でつぶれることになります。星の中心部の圧力は非常に高くなり、原子核どうしが近づいていきます。そして今度は、陽子の核融合でつくられたヘリウムどうしが結びつく核融合反応が起こります。これ以降の核融合反応には、反応の早さを抑える役割のニュートリノは、基本的にかかわっていません。したがって、この段階になると反応の速度は一気に上がってきます。

このようにして、最初は水素ガス（より正確には水素ガスにヘリウムが混ざった混合ガス）が主な成分だった星は、中心部にヘリウムの原子核で構成される核ができます。そしてその中心核は、核融合が進むとともに炭素、酸素というふうに重くなっていきます。太陽くらいの質量の星だと核融合

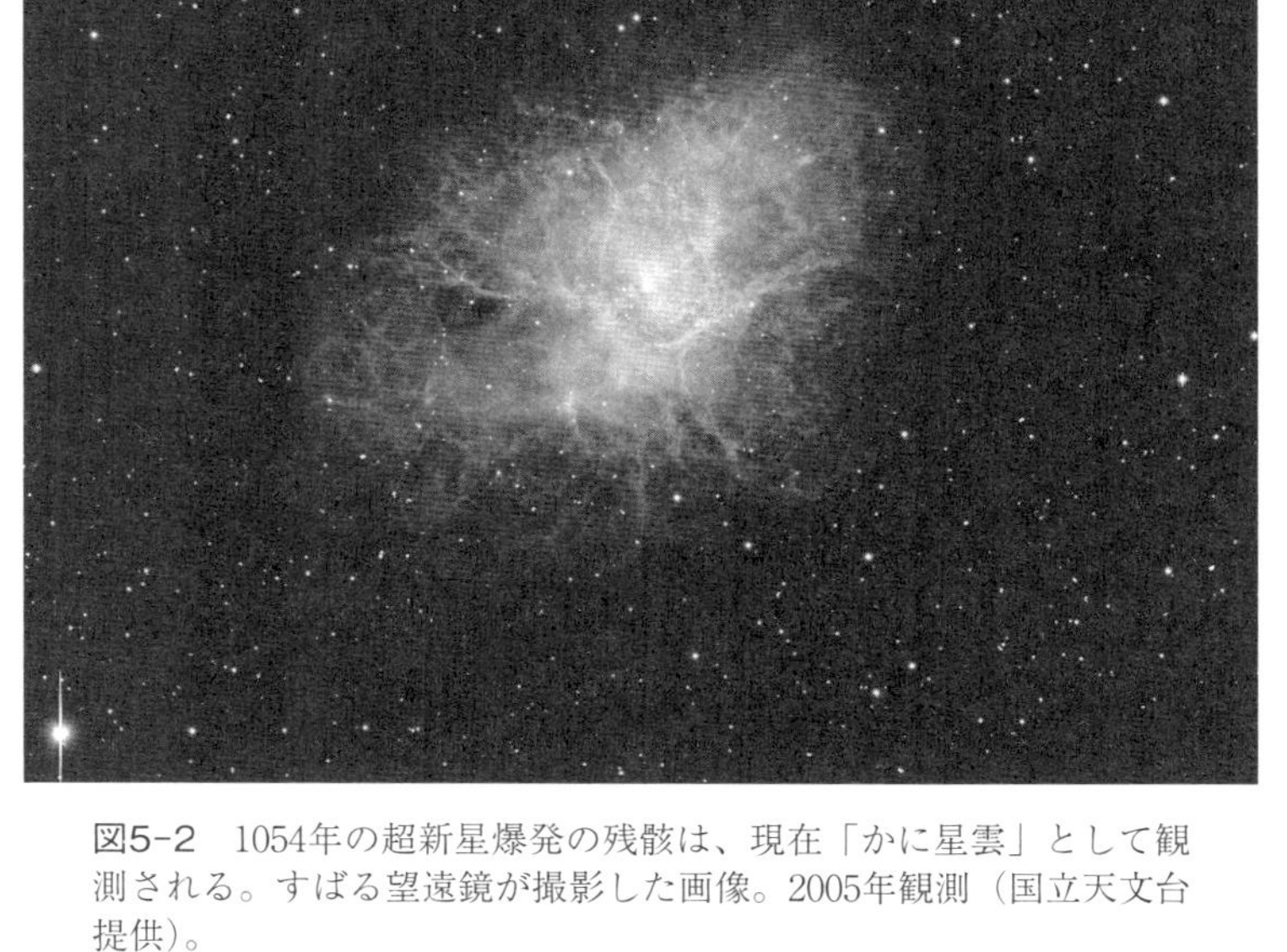

図5-2　1054年の超新星爆発の残骸は、現在「かに星雲」として観測される。すばる望遠鏡が撮影した画像。2005年観測（国立天文台提供）。

はここで終わり、あとは自分の重みで縮んでいき、「白色矮星（はくしょくわいせい）」と言われる燃えカスの星になります。しかし太陽の10倍か、それ以上重い星では、核融合はさらに進み、ケイ素、シリコン、鉄、とつくられます。

では、どこまでも重い核ができつづけるかというと、そんなことはありません。実は鉄は、原子核を構成する陽子や中性子がもっとも強く結びついた元素です。鉄と鉄の原子核を融合させてより重い原子核をつくるには、外からエネルギーを与えないといけません。これでは、核融合でエネルギーを生成できないので星は光ることができません。つまり星の中心部に鉄ができると、これ以上燃えることができなくなるのです。鉄は、いわば燃えカスです。このような状態になっても星の外側には大量の物質があり、その重さが鉄の中心核にのしかかってきます。すると中心核はもはやその圧力に抗することができなくなって、つぶれてしまいます。

このとき、もし星の外側の物質の量があまり多くなければ（たとえば星全体の重さが太陽の重さの10倍程度であれば）、電子が原子核にどんどん近づいてくるので、鉄の原子核では、陽子が電子を吸ってニュートリノを放出し、中性子になるという反応が起こります。ニュートリノはそのままどこかに飛んでいってしまいますから、結局、もともと鉄でできていた中心核は、中性子だけの巨大な原子核のようなかたまりになってしまいます。これが最終的に「中性子星」と呼ばれる星になります。中性子星は太陽質量の１・４倍くらいの重さがあるのに、直径は数十キロメートル程度しかありません［図5－3］。

原子核のまわりの空間を飛び回っている電子がなくなって、原子核だけになったような中性子星

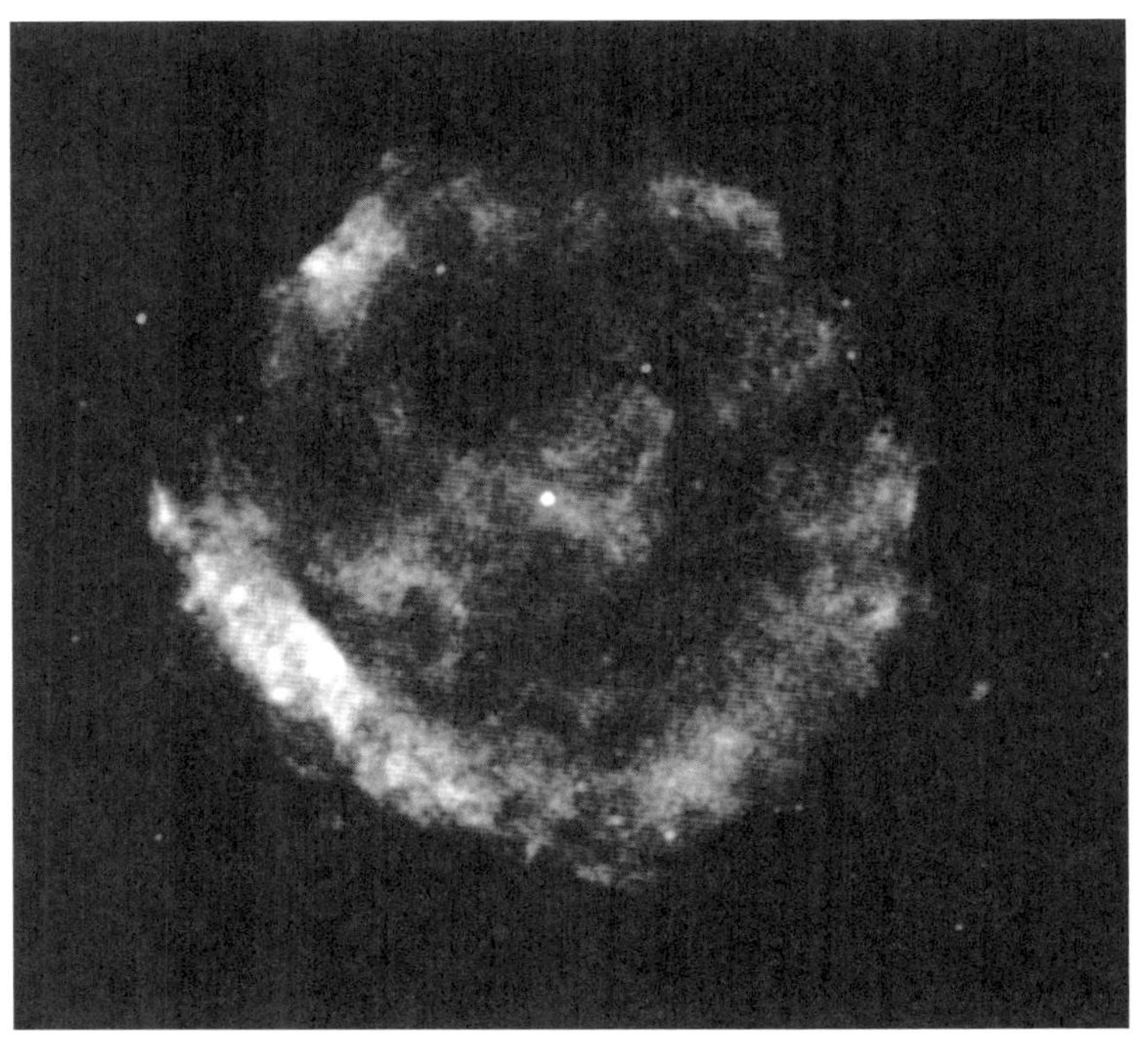

図5-3　米国航空宇宙局（NASA）のX線衛星「チャンドラ」が捕らえた、いて座の超新星残骸「G11.2-0.3」にある中性子星（中央の白い点）。2006年観測。紀元386年の超新星爆発の残骸と考えられている。この超新星爆発は、中国南北朝時代の史書『宋書』に「太元十一年三月客星在南斗至六月乃没」と記録されている（NASA/CXC/Eureka Scientific/M. Roberts et al.）。

は非常に密度が高く、スプーン1杯で10億トンという想像できないような密度になります。星の外側の層から中心核に落ちてきた物質の一部は、中性子星で跳ね返されます。このときに生まれるショックがさらに外側にある星の物質を熱し、吹き飛ばし、超新星として観測されることになります。このとき、放出される物質の速度は、光速の1〜10%にもなります。

●超新星爆発はどこまで分かっている?

このように書き進んでくると、星の最後の時のことを、私たちは物理法則に基づいて十分に理解していると思われるかもしれません。たしかに、いま書いたことは大筋としては正しいと思います。しかし、実際にスーパーコンピュータを使って、星の最後の爆発を再現しようとすると、どうもうまく爆発が起こりません。たとえ爆発しても、計算の結果得られた爆発のエネルギーは、実際に観測されているほど大きくないようです。まだ、私たちは星の中で起こっている物理を正確に理解していないのかもしれません。

スーパーコンピュータといえども計算能力には限界がありますから、超新星爆発のような複雑な計算では、計算時間を短縮するために、星の内部の状態を近似して表現しています。この近似が問題なのかもしれません。

たとえば10年以上前までふつうに用いられていた近似は、星を完全な球と仮定していました。この仮定は、太陽などを見るとよい近似のように感じられますが、星の最後の非常に激しく状態が変わるときに正しいかどうか分かりません。

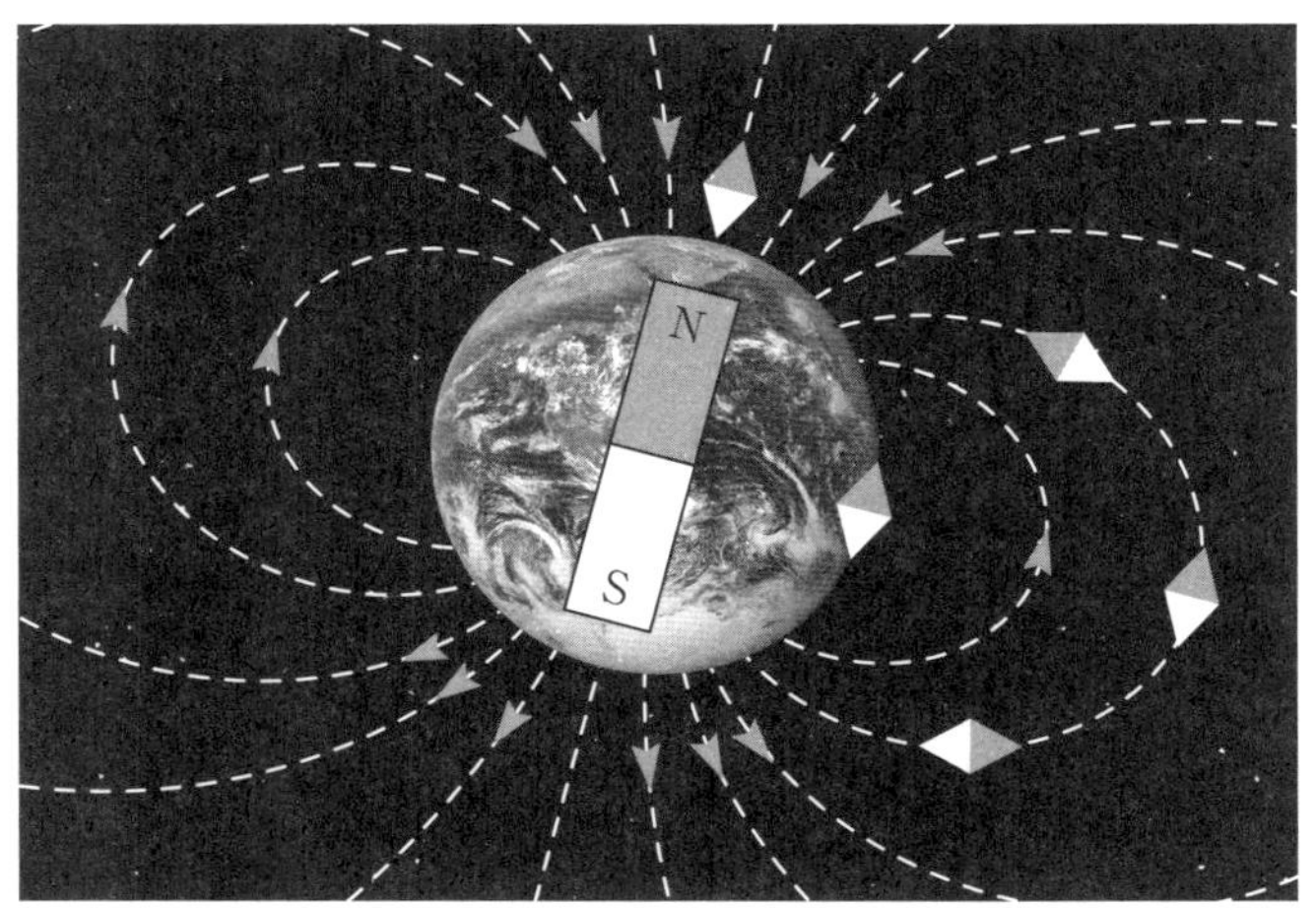

図5-4　地球磁場のイメージ。米国海洋大気庁（National Oceanic and Atmospheric Administration）ホームページ「GalAPAGoS」所載の図をもとに作成。地球の写真は1972年、アポロ17号によって撮影されたもの（NASA）。

たとえば星が回転（自転）していたとしましょう。「角運動量」という回転に関係した量は保存しなければなりません。角運動量なんて言うと、なんだかむずかしく感じてしまうかもしれません。スケートの選手が3回転半などのジャンプをするとき、両手を身体にぴたっとつけて回転スピードを上げています。これは角運動量の保存の結果そうなるのです。同様に自転している星もつぶれるにしたがって回転のスピードが上がるはずです。すごく大きな星がつぶれてすごく小さい星になるので、つぶれる前はゆっくりした回転であっても、つぶれた後はすごく速く回転しているかもしれません。もし、ものすごいスピードの回転になったら、止まった球がつぶれるようなイメージではいけないことは、明らかですよね。

また、地球に磁場があるように星にも磁場があれば、当然S極とN極があります［図5－4］。地球の形はどちらの方向から見ても丸く、だいたい球対称ですが、地球磁場の形は球対称ではないので、磁場を含めた地球を球対称と考えることはできません。同じように星のどこかにN極があれば必ず別なところにS極があって、星の磁場の形は球対称ではあり得ません。もし、磁場がなんらかのかたちで超新星爆発にかかわっているなら、球対称の爆発の仮定は正しくないと、分かっていただけると思います。

計算機の能力が飛躍的に進歩したために、最近は近似をできるだけ除いた計算が行われるようになり、現実の超新星爆発に近い現象を計算機で発生させることができるようになってきました。もう少しで超新星爆発をコンピュータで再現できるところまで、来ているのかもしれません。

●ニュートリノの役割

さて、ここで話をニュートリノに戻します。鉄の中心核がつぶれるときに、原子核中の陽子が中性子になり、同時に電子を吸ってニュートリノを放出することはすでに述べました。ここで放出されるニュートリノは電子ニュートリノです。

ちょっと視点を変えて、エネルギーのことを考えてみましょう。星の外側のほうにいる原子。この原子が中心部に落ち込むときには、重力によって加速されます。そしてこの原子が、最終的に中性子星の中に落ちていったとしましょう。すると重力で加速されて得たエネルギーを、中性子星に与えることになります。このように中性子星に落ちていった物質のエネルギーが中性子星に蓄え(たくわ)られるので、中性子星は非常に熱いはずです。では、この熱はどうなるのでしょうか？　結局、中性子星は冷えていくのですが、冷えていくためには熱、あるいはエネルギーを放出する必要があります。この放出の立役者がニュートリノなのです。

できたての中性子星の温度は数百億度にもなっています。このような高温・高エネルギーの状態では光子、電子、陽電子、ニュートリノ、反ニュートリノなどのあらゆる軽い粒子が生成されて、いわば粒子が混ぜ合わさった熱いスープのようになっています。光子、電子、陽電子はすぐにまわりの陽子、中性子、光子、電子、陽電子と衝突して、移動できません。つまりこれらの粒子は、なかなか中性子星の中心部の熱を外に運ぶことができないのです。

このとき、熱を外に運んでくれるのがニュートリノです。何度も書きましたが、ニュートリノは物質ときわめて稀にしかぶつかりません。したがって、中性子星の中で熱的に生成されたニュートリノがスルスルと抜け出ることで、中性子星の熱を冷やしてくれます。もっとも、中性子星の中は私たちの想像もつかない高密度なので、ニュートリノといえども簡単には抜け出てこられず、何回も衝突を繰り返します。それでも、他の粒子と比べたらはるかに効率よく、熱を外に逃がす役割を果たします。

ちなみに超新星の中は非常に温度が高いため、ニュートリノは「熱的に」すべての種類（電子ニュートリノ、μニュートリノ、τニュートリノとそれらの反粒子）がつくられます。これから説明するカミオカンデなどの水を使った測定器の中では、いま挙げた3種類のニュートリノのうち、主に反電子ニュートリノが、水（H_2O）の水素原子核（陽子）と反応して陽電子と中性子が生成され、この陽電子の出すチェレンコフ光が観測されます［図3－11］。

さて、精密な計算によると、超新星爆発の際に放出される全エネルギーの約99％はニュートリノが持ち去ります。そして残りの1％が光として観測されます。たった1％のエネルギーを使って放出される光で観測した超新星の明るさが、銀河全体にも匹敵することから想像できるように、ニュートリノとして放出されるエネルギーは膨大なものです。少し定量的に言うと、ニュートリノとして約10秒間に放出される全エネルギーは約10^{53}エルグの桁です。

エルグなんて耳慣れない単位を持ち出されても、ピンとこないですね。もう少し身近なものであらわすなら、この10秒間に放出されるエネルギーは、太陽が約10秒間に放射するエネルギーの約10^{19}倍、つまり太陽のエネルギーの100億倍のさらに1億倍に対応します。ともかく膨大なエネルギーが放射され、そのほとんどをニュートリノが持ち去るのです。これだけのエネルギーなら観測できそうだし、とても大切な観測のような感じもしますね。

●超新星1987A

ここからは、いよいよカミオカンデの超新星のニュートリノ観測を紹介します。

時は1987年2月。すでに述べたようにこの頃、カミオカンデは太陽ニュートリノの観測に向けた装置の改造をひととおり終えて、ある程度安定してデータをとりはじめたところでした。私は当時もカミオカンデ実験に参加していましたが、このときはちょうど外国出張中でしたので、これから書く部分は人から聞いた話と、小柴先生の1992年の論文からの引用です。

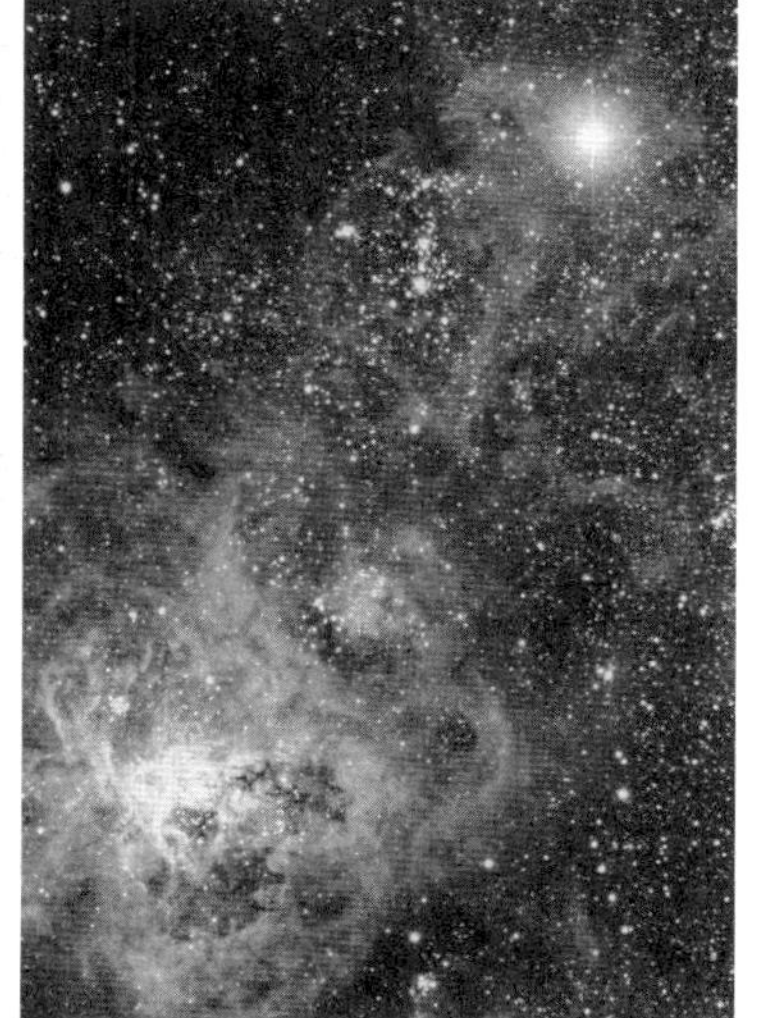

図5-5　超新星1987A。爆発前（左、写真右上の矢印のあたり）と爆発後（右、ともに ©Australian Astronomical Observatory/David Malin）。

カミオカンデの改造は完全に終わったわけではなく、水槽の上面から水中に溶け込むラドンガスを減らすために、水槽の上面全体に蓋を取りつけてタンク全体を気密にする工事がまだ残っていました。ラドンガスからの放射線も、バックグラウンドになるからです。2月後半にこの工事を行う予定だったのですが、準備が間に合わず延期になりました。もし予定どおりに工事を行っていたら、歴史的な超新星の観測を逃していたかもしれません。

工事がなくなったので、2月21日（土曜日）からの週末も、通常どおりの観測を行ってデータを記録することになりました。そしてつぎの週早々に、日本からは見えない南天の

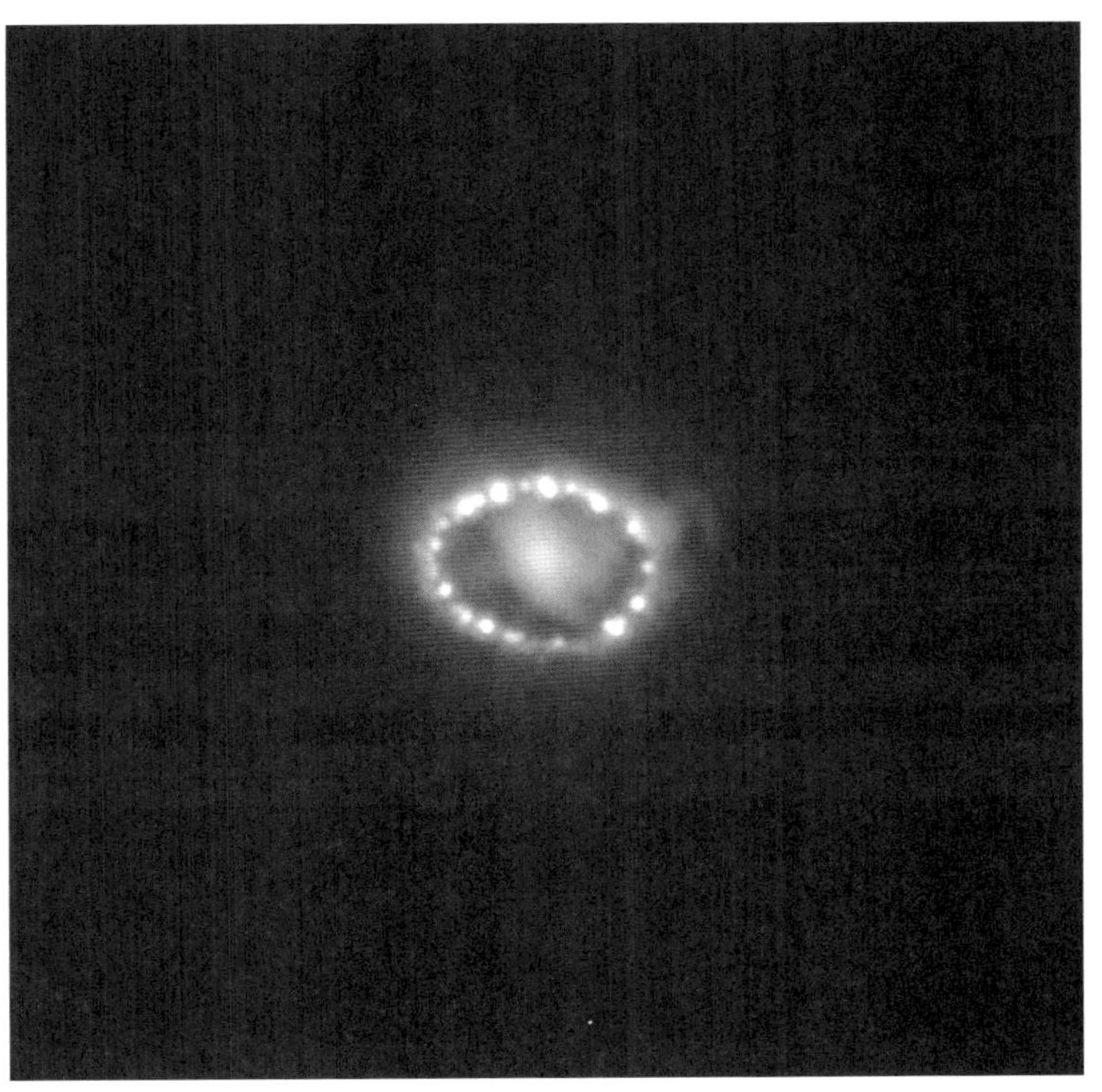

図5-6　2014年に公開された超新星1987Aの画像。アルマ望遠鏡による電波観測の結果（中心部分）、米国航空宇宙局（NASA）のハッブル宇宙望遠鏡による可視光観測の結果（輪状の部分）、NASAのX線衛星チャンドラによる観測の結果（同前）を合成した画像。アルマ望遠鏡の観測結果から、電波を強く放つ固体微粒子が中心部に密集していることが分かる（ALMA［ESO/NAOJ/NRAO］/A. Angelich. Visible light image: the NASA/ESA Hubble Space Telescope. X-Ray image: The NASA Chandra X-Ray Observatory）。

大マゼラン星雲中に、約400年ぶりに肉眼でも見える超新星が観測されたのです［図5－5］。このニュースは2月25日（水曜日）、来日していたカミオカンデの共同研究者、ペンシルヴェニア大学のユージン・バイヤー教授のもとへ、大学の同僚からファクスで送られてきました。カミオカンデが、超新星からのニュートリノを捕らえていないかを問い合わせるものでした。

情報はすぐに神岡に伝えられ、データを東京に送って解析をすることになりました。当時は神岡には研究施設がなく、解析はすべて東京にあるコンピュータで行っていたのです。いまなら、たとえコンピュータが東京にあっても、ネットワークでデータを転送するのでしょうが、当時は磁気テープにデータを書き込み（といっても若い人は、磁気テープを知らないでしょう。いまのハードディスクやDVDに相当するものです）、それを宅配便で送りました。

当時、フレデリック・ライネス（前出）を中心とした米国のIMBという陽子崩壊実験も、1982年から観測をしていました。もし宅配便で送ったために、競争相手に遅れをとるようなことになったら、とりかえしのつかないことでした。いまから考えると、当時は時間が少しだけゆっくり流れていたようです。

磁気テープで送られたデータは27日に東京に着き、解析が始まりました。その結果、28日には超新星のニュートリノの反応（日本標準時2月23日16時35分35秒＝世界標準時2月23日7時35分35秒から13秒間に11例）を見つけていました。光での最初の観測は同日の世界標準時午前10時30分とされているので、ニュートリノが光よりおよそ3時間早く地球に飛んできたことになります。これはニュートリノが光より早く飛ぶということではなく、光より早く超新星から出てくる証拠です。つま

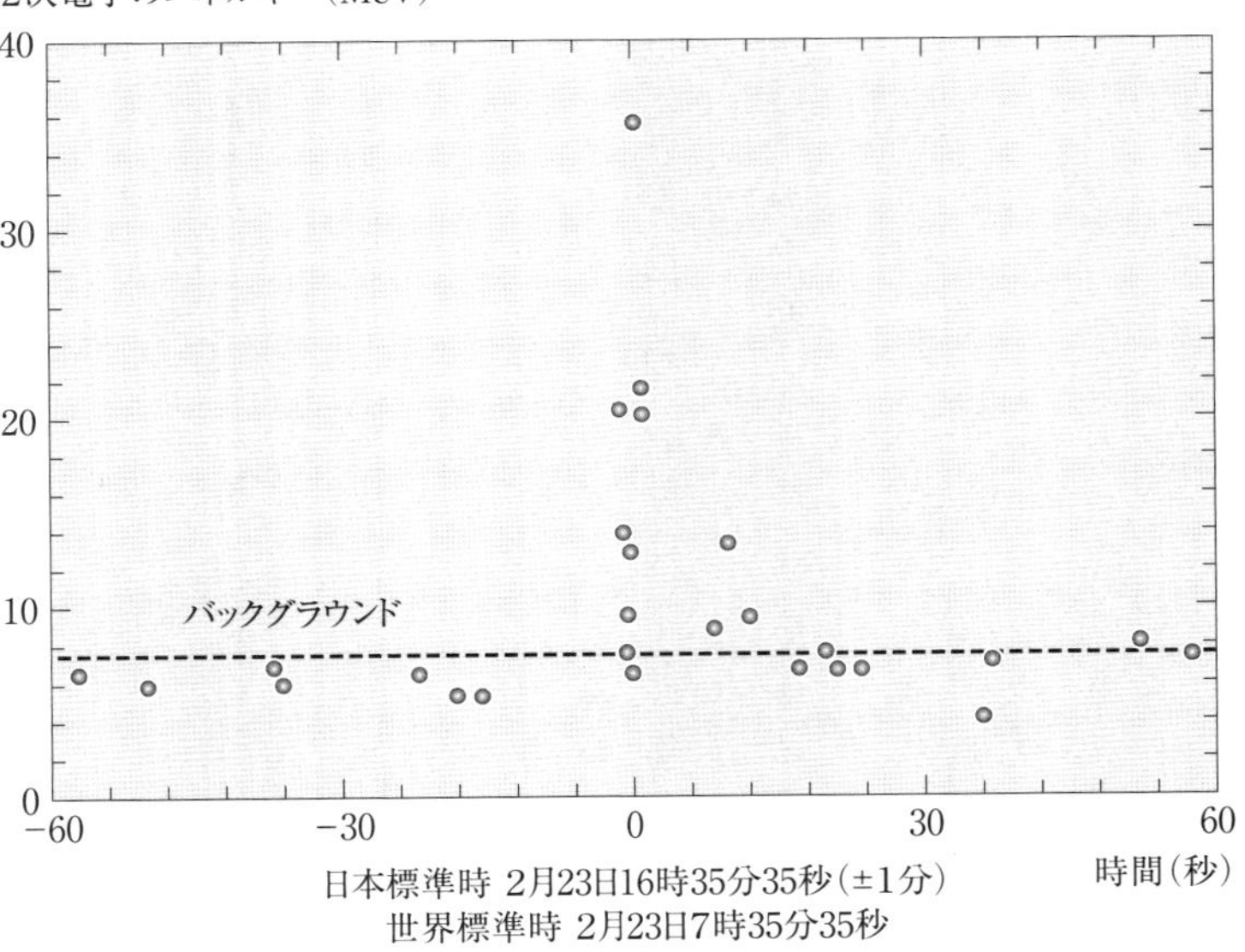

図5-7　1987年2月23日にカミオカンデで観測されたデータ。横軸に時間、縦軸に観測された粒子のエネルギーが示されている。図の中央0秒から13秒間に観測されたエネルギーの高い事象が超新星爆発のニュートリノの観測データ。この時刻のまわりにもエネルギーの割合低い事象が観測されているが、これらはγ線など、ニュートリノ以外のバックグラウンド。

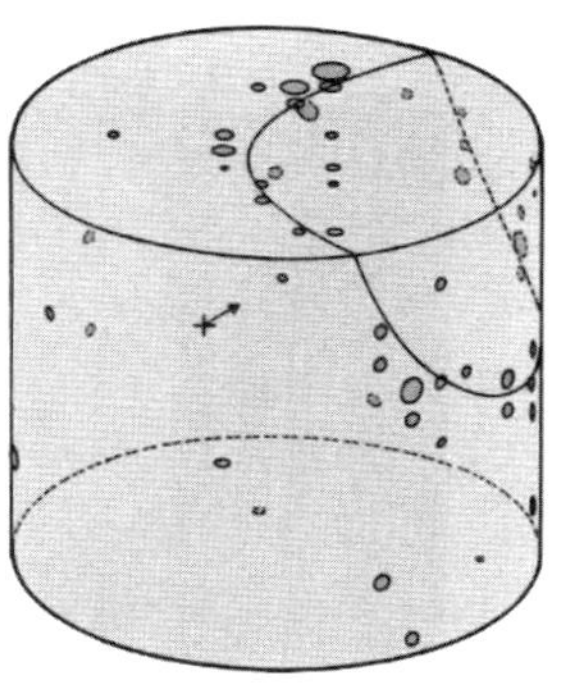

図5-8　カミオカンデで観測された超新星ニュートリノ事象の1例。円筒形の水槽中「+」印のところでニュートリノが相互作用して、陽電子が矢印の方向に放出されたという結果が、データ解析で得られた。

り、超新星の中心部で星が自身の重みでつぶれたそのとき、ニュートリノは星から飛び出ますが、つぶれた超新星の中心に星の外側の物質が落ち込み、跳ね返って星のまわりの物質を飛び散らして大爆発となって光るまでに、数時間以上の時間がかかるためと考えられています。

しかし、見つけたものがたしかに超新星ニュートリノのイベントであることを証明しなければなりません。簡単に言うと、いままであるデータの中でこれだけが超新星ニュートリノと考えてよく、他にはそのようなものがないこと、また、いままでのデータを使って、ノイズが信号のように見える可能性が非常に低いことを示す必要があります。このような確認作業が終わり、3月7日（土曜日）に論文を書き上げ、郵便で投稿しました（いまならインターネットでの論文の投稿はあたりまえですが、当時は郵便でした）。ただ、ちょっとした間違いが見つかり、一度出した論文の入った郵便を止め、論文修正をし

図5-9　2002年11月、ノーベル賞受賞発表まもない頃の小柴昌俊先生（右）。いっしょに写っているのは、中畑雅行氏（東京大学宇宙線研究所神岡宇宙素粒子研究施設長・教授）。中畑氏は、超新星1987Aの観測データを解析した大学院生のひとり。

て、最終版は3月9日に再投稿され、3月10日にアメリカの『フィジカル・レビュー・レターズ』という雑誌に受理されました。宅配便でデータを神岡から東京に送ったにもかかわらず、世界最初の観測になって本当によかったと、いまでも思っています。出張中だった私には本当の現場の雰囲気は分かりませんが、非常にエキサイティングな10日間だったことは想像できます。

この年最初に観測されたこの超新星は、「1987A」と名づけられました。

●すぐに確認された観測結果

カミオカンデの観測の情報は、IMB実験グループにも伝えられました。IMBではカミオカンデ実験がニュートリノを観測した時間のあたりのデータをよく調べ、ニュートリノを確認しました。そしてＩＭＢ実験の論文も同じ雑誌に投稿され、3月13日に受理されました。この間の経緯はＩＭＢの論文中で、「カミオカンデの観測の時間を聞いて解析をした結果ＩＭＢでも観測した」と、きちんと書かれています。『フィジカル・レビュー・レターズ』の1987年4月6日号には、1490ページにカミオカンデの論文が、引きつづき1494ページにＩＭＢの論文が掲載されています。

図5−7に示すのが観測されたデータで、横軸に時間、縦軸に観測された粒子のエネルギーが示されています。図の中心部分に、他のバックグラウンドに比べてエネルギーが高い事象がかたまって観測されていますが、これらのデータが超新星ニュートリノがカミオカンデ測定器の水中で反応した信号を示しています。また、図5−8にそのとき観測された超新星ニュートリノ事象の一つを示します。

観測された事象を解析して求められた超新星爆発エネルギーは、理論から計算された値とよく合っていました。この観測によって、さきほど説明した超新星爆発のシナリオが正しいことが証明されたのです。この業績も大きな理由となって、2002年のノーベル物理学賞が小柴昌俊先生に贈られたことは、すでに述べたとおりです。

第6章　ニュートリノ質量の発見

1998年のニュートリノ国際会議で、カミオカンデの後継機スーパーカミオカンデは、「ニュートリノ振動」の観測結果を発表しました。

ニュートリノ振動とは、ニュートリノが飛んでいる間に別の種類のニュートリノに姿を変える現象を言います。この発表によって、「質量ゼロ」と考えられてきたニュートリノが質量を持つことが示され、かつ世界の研究者に受け入れられたのです。

カミオカンデは1980年代の終わりに、ニュートリノ振動と考えられるデータを発表しています。しかし多くの研究者は懐疑的でした。どうしてカミオカンデのデータは十分な信頼を得ることができなかったのでしょう。10年後、それが認められるまでに、なにが起こったのでしょう。

少し長くなりますが、近年のニュートリノ研究のハイライトなのでおつきあいください。

●牧二郎、中川昌美、坂田昌一が考えたこと

現在「素粒子の標準理論」と呼ばれている理論は、基本粒子である6種類のクォーク（アップ、ダウン、チャーム、ストレンジ、トップ、ボトム）と6種類のレプトン（電子ニュートリノ、μニュートリノ、τニュートリノ、電子、ミューオン、τ粒子）を3種類（強い力、電磁力、弱い力）の相互作用で記述し、ミクロの世界の現象を説明するものです。1970年代に確立したこの理論によって、いままでに知られている素粒子の現象は、ほぼ辻褄（つじつま）の合う説明が可能です。

ニュートリノが「電気的に中性で、質量がないか、あるいはきわめて軽い」粒子として提唱されたことは、すでに述べました。以来、ニュートリノに質量がある証拠を探す実験が行われてきましたが、その証拠を示す実験結果は、長い間ありませんでした。したがって素粒子の標準理論は、ニュートリノの質量をゼロとして扱って、なにも問題がありませんでした。

しかし、本当にそれでよいのでしょうか？　多くの画期的な発見は、それまでの常識を疑うことでなされています。

ニュートリノ質量に関しては1962年、名古屋大学の牧二郎、中川昌美、坂田昌一の3人が、ニュートリノに質量があるとどのような現象が起こるかを、その頃知られていた二つのニュートリノの場合について、理論的に検討しています。そして、もしニュートリノに質量があると、飛行中にニュートリノの種類が変化する「ニュートリノ振動」と呼ばれる現象が起こることを発見しました。

物質のもとになっている仲間

クォーク	アップクォーク	チャームクォーク	トップクォーク
	ダウンクォーク	ストレンジクォーク	ボトムクォーク
レプトン	電子ニュートリノ	μニュートリノ	τニュートリノ
	電子	ミューオン	τ粒子

力を伝える仲間

クォーク	光子
	W粒子　Z粒子
レプトン	グルーオン
	重力子

素粒子に質量を与える仲間

ヒッグス粒子

図6-1　現在知られている素粒子一覧。

しかしその前に、いままで出てこなかったτニュートリノのことにふれておきたいと思います。

●3番目のニュートリノ

図6-1に示したように、ニュートリノは3種類あります。電子ニュートリノとμニュートリノの発見についてはすでに書きましたが、3番目のτニュートリノの発見についてはまだ説明していません。

τニュートリノの存在が実験で証明されたのは2000年、論文として公表されたのは2001年です。1975年にτ粒子が発見されて以来、それに対応するニュートリノとして、存在が予想されていました。それなのになぜ、もっと早く見つからなかったのでしょうか？　それはいろいろな意味で、τニュートリノを探す実験がむずかしいからです。

μニュートリノを発見した実験（第2章）では、まずπ中間子をつくるために、加速したエネルギーの高い陽子を標的の原子核に当て、このπ中間子が壊れてできたミューオンとニュートリノを調べました。その結果、それまで知られていた「物質と反応して電子をつくるニュートリノ」とは別の種類の、「物質と反応してミューオンをつくるニュートリノ」が観測されたのです。τニュートリノを観測するためには同じように、加速器を使ってτニュートリノを大量につくらなければなりません。でも、これがむずかしいのです。

π中間子はほぼ100％μニュートリノとミューオンに壊れるので、残念ながら、π中間子の崩壊を利用してτニュートリノをつくることはできません。ではどうすればよいのでしょうか？

π中間子より重い中間子の中には、τニュートリノに壊れるものがあるかもしれません。調べてみると、D中間子が都合がよいことが分かりました。D中間子はいろいろな壊れ方をするのですが、一部はτニュートリノと他の粒子に壊れることが知られています。D中間子は、陽子をπ中間子をつくるときよりさらに高いエネルギーまで加速すれば、つくることができます。そしてあっという間に崩壊します。そうしてできたτニュートリノ（と他の粒子）を、μニュートリノのときと同じように調べれば、τニュートリノと物質との反応でできたτ粒子を観測できるはずです。

と、理屈はさほどむずかしくないのですが、実験はそう簡単ではありません。高エネルギーの陽子を標的に当てると、たしかにD中間子もときどきつくられますが、軽いπ中間子やK中間子も大量につくられます。そのため、つくられたπ中間子やK中間子が壊れて、τニュートリノ以外のニュートリノが大量につくられます。もし実験に誤差というものがなければ、いくら他のニュートリノの反応があっても、多くの反応の中からτニュートリノ反応を確認できるはずです。しかし実際には実験には誤差がつきもので、他のニュートリノをτニュートリノと間違える可能性があります。そこで、D中間子はつくられるとすぐに壊れるけれど、π中間子やK中間子はしばらく飛んでから壊れるという寿命のちがいを利用することになりました。

陽子を1メートルの長さのタングステンの標的に当ててつくられたたくさんのπ中間子やK中間子を、標的の中で幾度もタングステン（の原子核）と衝突させます。するとπ中間子やK中間子はエネルギーを失い、あるいは吸収されるので、π中間子やK中間子の崩壊によるニュートリノのビームは、ほとんどつくられません。一方、D中間子はつくられるとすぐに壊れるので、タングステンがあっても関係なくτニュートリノのビームをつくれます。フェルミ研究所はこのような方法で、τニュートリノをたくさん含んだニュートリノビームをつくることに成功しました。

●τニュートリノを捕まえる

つぎは、τニュートリノの検出です。ここでもむずかしいことがあります。

τニュートリノが物質と反応すると、τ粒子がつくられるはずです。このτ粒子を観測できれば、τニュートリノがたしかに存在すると言うことができます。でも、τ粒子の寿命は2・9×10^{-13}秒、つくられて1ミリメートルも走ると、他の粒子に壊れてしまいます。つまり、1ミリメートルも走らずに崩壊した粒子を捕まえることができなければ、τ粒子を捕まえた証拠は得られません。しかしニュートリノと物質との反応はあまり起こらないため、ふつうニュートリノの測定器は大きなも

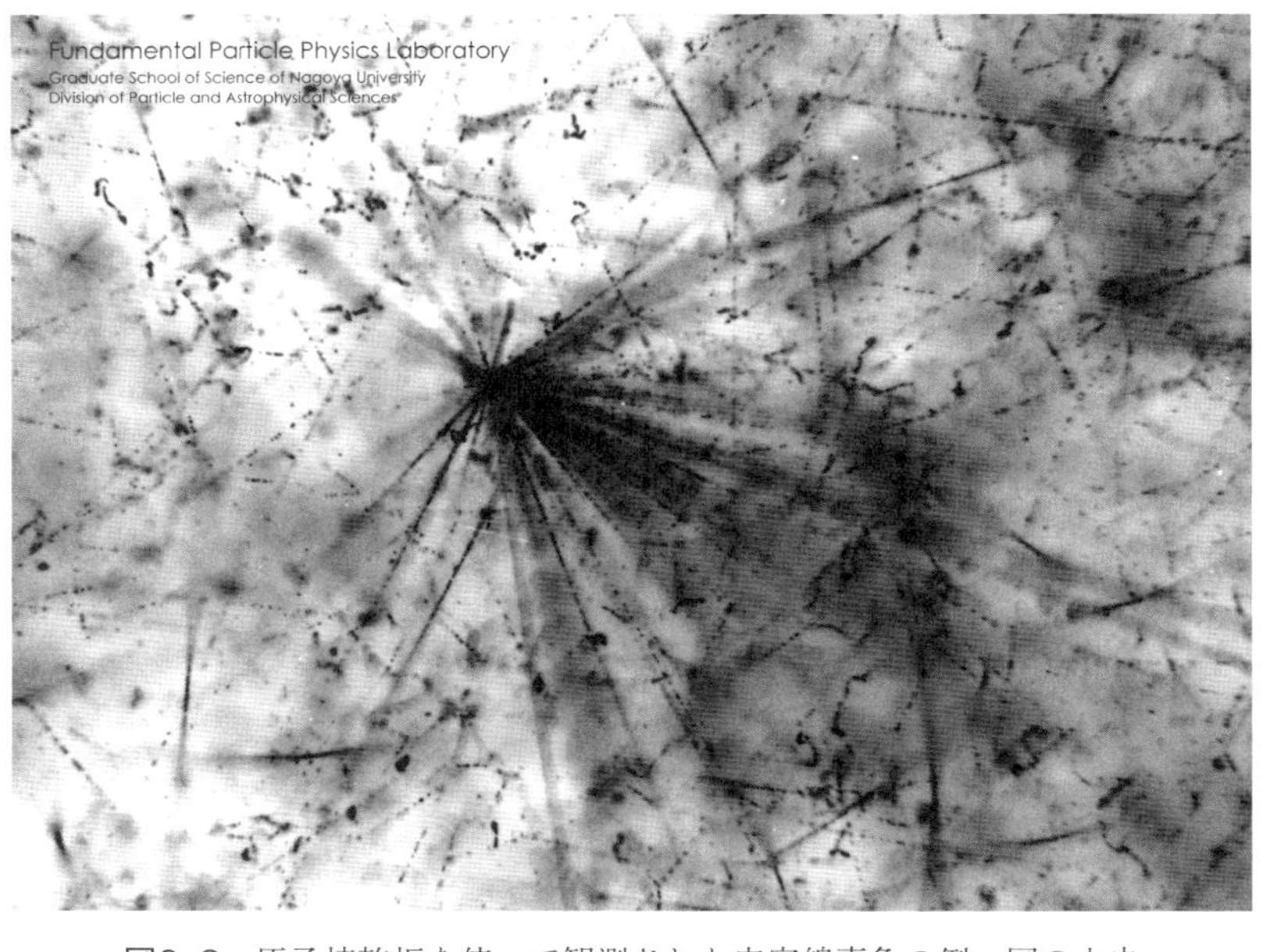

図6-2 原子核乾板を使って観測された宇宙線事象の例。図の中央付近で宇宙線が相互作用して多数の２次粒子が生成されている。また、他にも多数の粒子の飛跡が記録されているが、乾板が露光されていた間に記録されたもので、中央の宇宙線の相互作用とは関係ない。名古屋大学理学研究科・素粒子宇宙物理系Ｆ研究室ホームページより転載。

のになり、そのため、あまり細かいことまで調べられるように設計されていません。ふつうのニュートリノ測定器では、τ粒子の飛んだ痕跡を捕らえることが困難なのです。しかし方法はありました。

答えは、昔からある「原子核乾板」（あるはエマルジョン・フィルムと言います）の技術を自動化することで得られました。提案したのは名古屋大学の丹羽公雄教授（当時）らのグループです。

名古屋大学のグループは長年にわたり、原子核乾板を使って実験を行ってきました。1971年に、宇宙線の反応を記録した原子核乾板からチャーム粒子を観測し、小林・益川理論のきっかけを与えた丹生潔博士は、その後まもなく名古屋大学に着任していました。

原子核乾板は非常に高感度な写真フィルム（デジタルカメラの時代に育った若い人は写真フィルムと言ってもピンとこないですね）をプラスチックの薄い板に塗りつけたようなものです。素粒子が通過すると、その飛んだところに痕跡を残します。だいたい1ミクロン（1000分の1ミリメートル）程度の精度で、粒子の飛んだ跡を検出できます。図6－2に原子核乾板で観測された宇宙線の相互作用の事象を示します。

原子核乾板の技術は素粒子の細かい軌跡を観測するのに適していますが、重大な問題がありました。粒子の軌跡が記録されても、目で見て確認する必要があります。数十年前は、現像した原子核乾板を顕微鏡でのぞいて、粒子の軌跡を一つ一つ探し、それを数値化して解析ができるようにしていました。顕微鏡という言葉から分かるかと思いますが、非常に根気のいる仕事で、1人が1日に確認できる面積もわずかなものです。したがって、人間が顕微鏡で粒子の軌跡を確認していたので

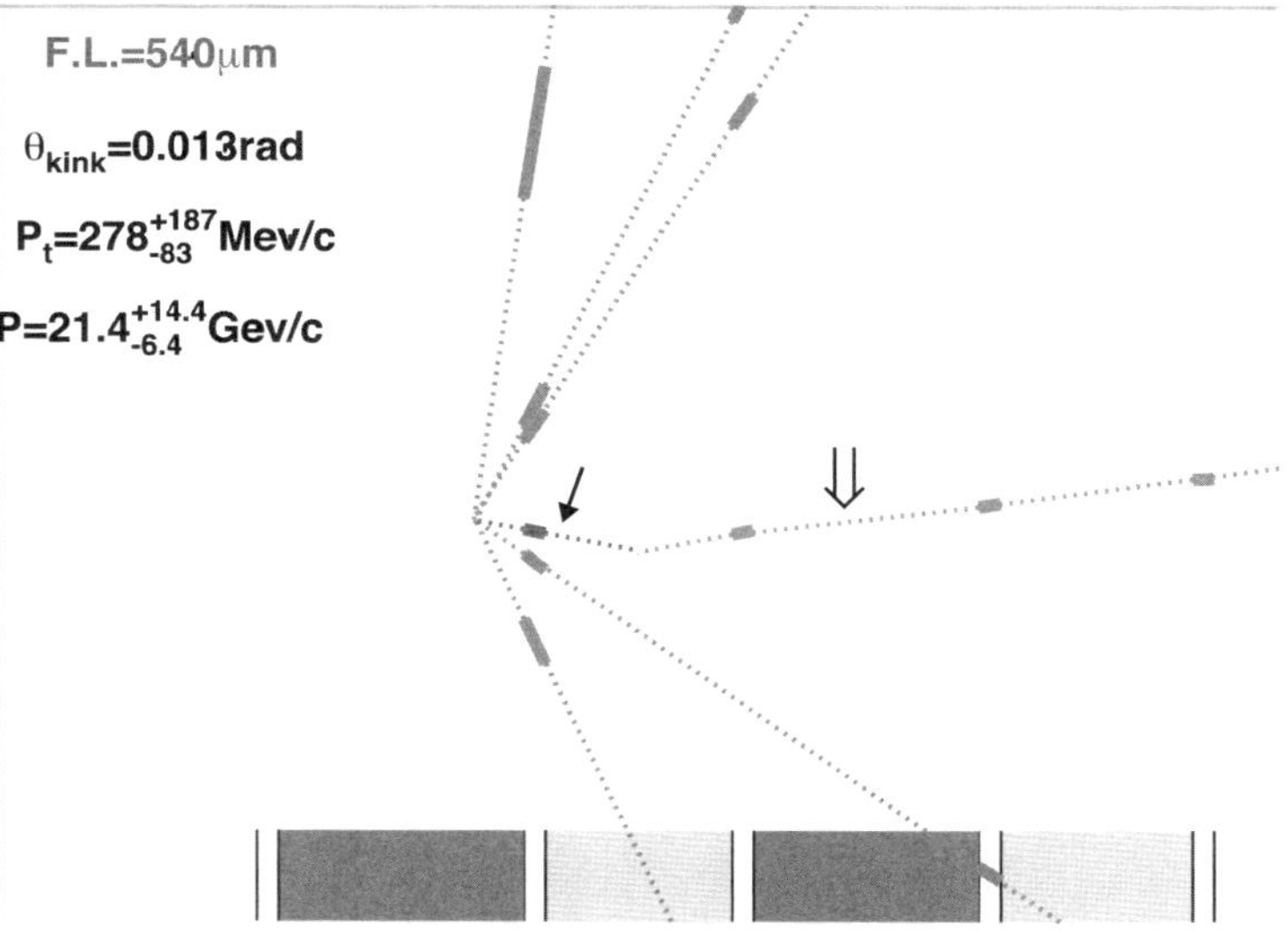

図6-3　τニュートリノの検出例。図中→で指している線がニュートリノ反応の結果生成されたτ粒子で、それが540マイクロメートル（約0.5ミリメートル）走って、⇒で指している別な粒子とニュートリノに壊れた（ちなみにこの粒子が壊れて生成されたニュートリノはτニュートリノ）。そのため飛跡が折れ曲がっている。他にも５本の飛跡が見えるが、それらはニュートリノ反応点でつくられた他の粒子。なおこの図では、見やすくするため縦と横のスケールがちがっているので注意。名古屋大学理学研究科・素粒子宇宙物理系Ｆ研究室ホームページより転載。

は、とてもニュートリノ実験のような大きな測定器中のニュートリノ反応を探せません。

丹羽教授のグループでは10年以上をかけて、原子核乾板中の粒子の軌跡を自動で読み取る装置を開発しました。これによってはじめて、τニュートリノの反応の結果つくられたτ粒子を直接観測することが可能になったのです。

τニュートリノの存在は、こうした技術によって証明されました。図6－3に、観測されたτニュートリノ反応の1例を示します。

●「重ね合わせ」という状態

さて、本題に戻ってニュートリノの質量について考えることにしましょう。

ここでは説明を簡単にするために、2種類のニュートリノを考えます。たとえばμニュートリノとτニュートリノの場合を例にとりましょう。

まずここできちんと、μニュートリノやτニュートリノとはなにかを、考え直してみる必要があります。ニュートリノは、飛んでいる間について観測する方法がありません。μニュートリノは物質と反応した結果生成される粒子がミューオンであることで、μニュートリノと分かるのです。τニュートリノも同様です。

μニュートリノやτニュートリノをこのようなものだとしたなら、μニュートリノやτニュートリノが「一定の」質量を持っている必然性はありません。おかしな話だと思われるでしょうが、ミクロの世界の量子力学によると、こうなります。むしろ、「二つの質量を持った状態の重ね合わ

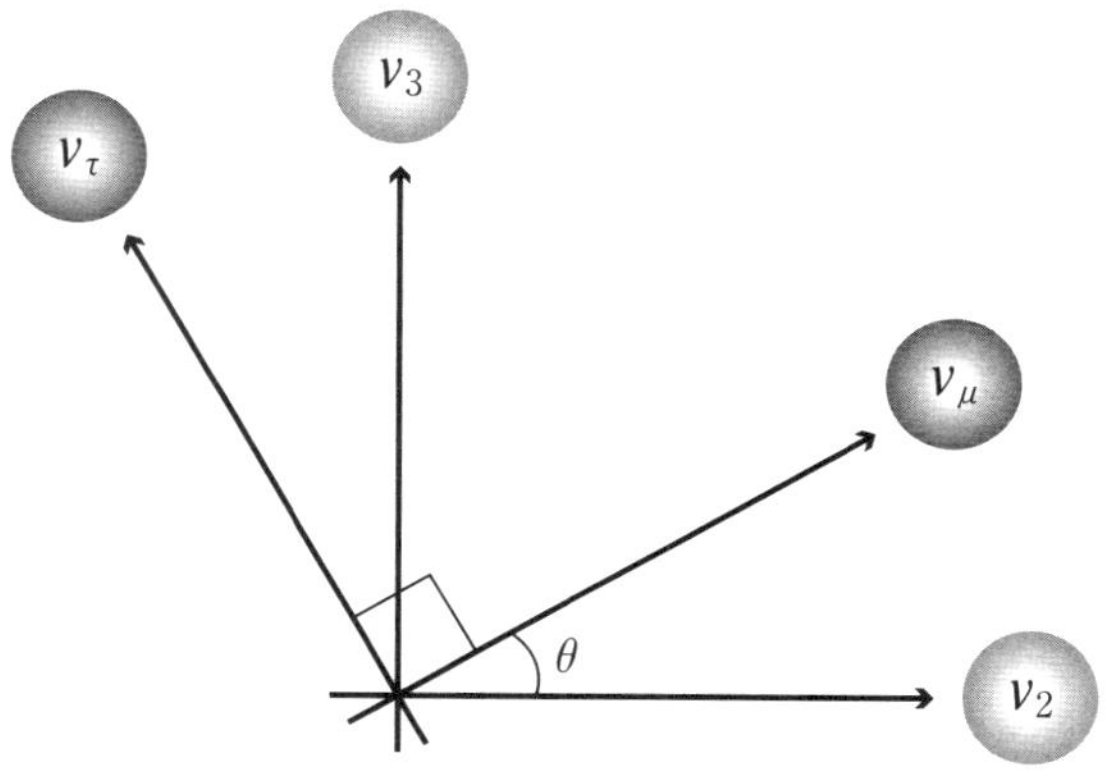

図6-4　μニュートリノ（ν_μ）やτニュートリノ（ν_τ）と、ニュートリノの二つの質量（ν_2およびν_3）の関係。図中のθ（混合角）は、たとえばμニュートリノ（ν_μ）はν_2とν_3との成分がどれだけ混じり合っているかを示す。

せ」と考えられます。ここで、それぞれの質量を持った状態を、ν_2、ν_3と書くと、μニュートリノ（ν_μ）やτニュートリノ（ν_τ）は、図6－4のようにあらわされます。θは「混合角」と呼ばれています。つまり「μニュートリノの質量は？」という問いかけは意味がなく、質量のことを問うなら「ν_2やν_3の質量は？」と問う必要があります。

●姿を変えるニュートリノ

いま、μニュートリノが真空中を飛ぶ場合を考えましょう。さきほどの表現に従うと、「ν_2とν_3を重ね合わせたもの」が飛ぶということです。素粒子は粒子であると同時に波でもあるというのが、量子力学の考え方です。この考え方では、異なった質量を持つν_2、ν_3は、わずかにちがった周波数を持つ波となります［図6－5のaとb］。

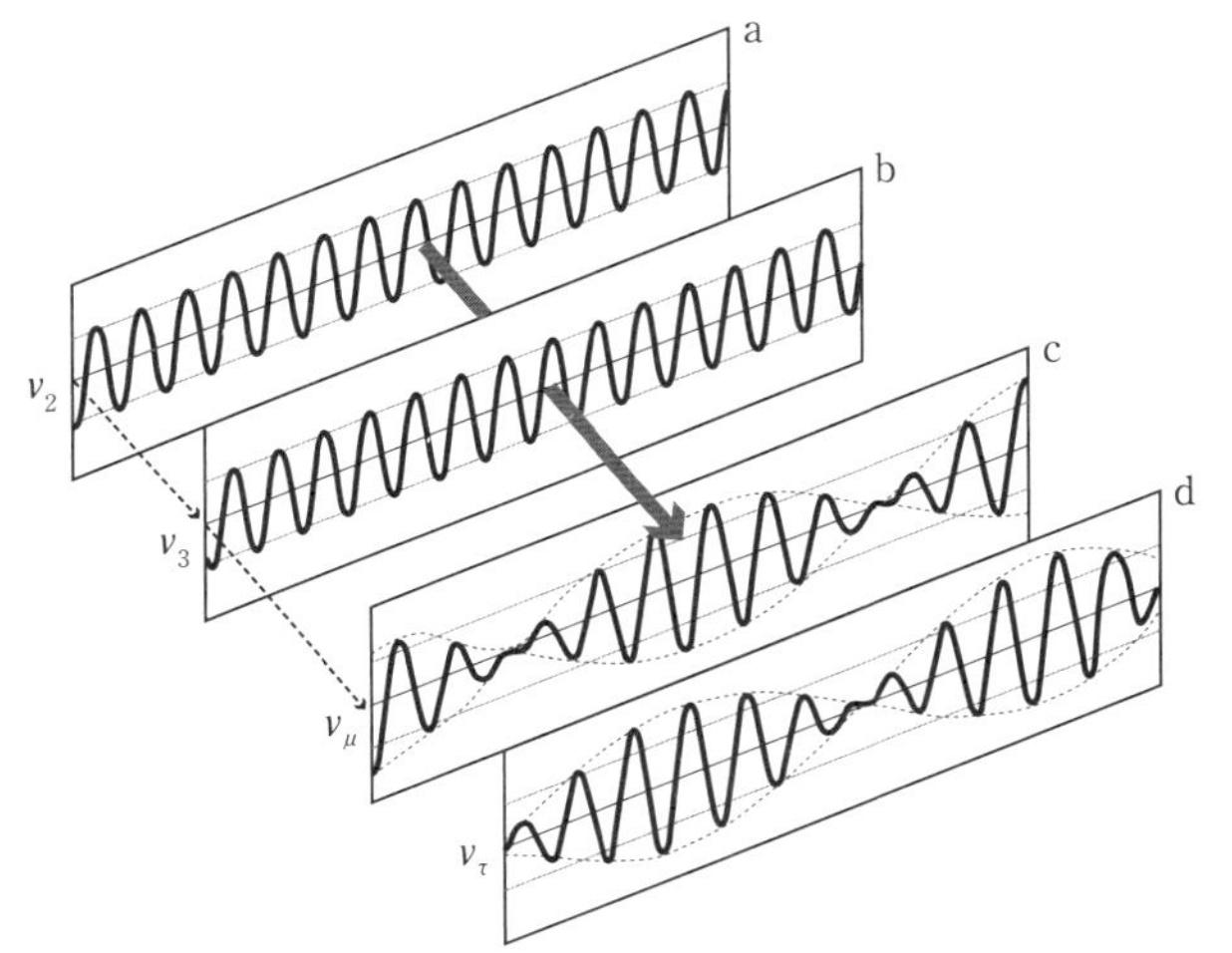

図6-5　ν_2、ν_3の波の重ね合わせによって起こる「うなり」の様子。この「うなり」の振幅に比例して、ν_μが減ったときはν_τの存在確率が大きくなっている。図のcで「うなり」の振幅が最小になったときにν_μ成分が最小になり、そのとき図のdでν_τの成分が最大になっている。

わずかに周波数のちがう音波を重ね合わせたとき、「うなり」の現象があらわれ、音が大きくなったり小さくなったりを周期的に繰り返すのは、日常生活でも経験しますね。たとえばお寺の鐘の音も、音が大きくなったり小さくなったりを繰り返します。これと同様のことが、ν_2、ν_3の波の重ね合わせにも起こります。「うなり」が生じて、その結果、μニュートリノ成分が減ったり増えたりを繰り返すのです。そして、μニュートリノが減ったときに、τニュートリノが出現します。ある種類のニュートリノが「うなり」のように周期的に増えたり減ったりするので、「ニュートリノ振動」と呼ばれるのです［図6−5のcとd］。

音波の「うなり」の周波数は、重ね合わせる音波の周波数が近ければ近いほど小さくなります。同様にニュートリノ振動でも、ν_2、ν_3の質量の差が小さければ小さいほど、ν_2とν_3の周波数が近くなり、その結果「うなり」の周波数は小さくなります、つまり別のニュートリノに転移するまでに必要な時間（飛行距離）は長くなります。逆に言えば、ニュートリノ振動によって別のニュートリノに転移するまでの距離を測れば、ν_2とν_3の質量の差が測れることになります。そもそも質量がなければ質量差もありませんから、ニュートリノ振動は起こりません。ニュートリノ振動を観測することでニュートリノに質量があることが示せます。

だいぶ面倒な説明になってしまいました。

ところで「ニュートリノが姿を変える＝質量を持っている」ことを言うだけなら、こんな面倒な説明は必要ありません。

「ニュートリノが姿を変える」を細かく言えば、「時間とともに姿を変える」ということです。「時間とともに姿を変える」は、「ニュートリノの時間は進む」と言い換えることができます。時間が進まなければなにも変化できないのですから、当然ですね。

アインシュタインの特殊相対性理論の教えることの一つは、「光の速さに近いような高速で運動する物体の時間（あるいは時計）は、その速さに応じてゆっくり進むようになる」というものです。極端な話、もし物体が光の速さで進んだら、その時計は進みません。また、重さを持つものは光の速さでは進めないことも知られています。以上から、「ニュートリノが姿を変える→ニュートリノの時間は進む→ニュートリノは光よりゆっくり進んでいる→ニュートリノには重さがある」と結論することができます。

●ニュートリノの「混合」とクォークの「混合」

もっとも、具体的にどのような仕組みでニュートリノが姿を変えているのか考える場合には、やはりニュートリノ振動は避けて通れません。

さきほどの、わずかに異なる周波数の音波を重ね合わせる場合の説明では、それぞれの音波の振幅の大きさ、つまり音の大きさについてはなにも触れませんでした。たぶん、多くの読者は、同じ大きさ（振幅）の音を想像されたかと思います。しかし、「うなり」の現象は二つの周波数の音波の振幅が同じでなくとも起こります。この場合、「うなり」現象によって、音が大きくなったり小さくなったりするときの、大きさの変化が小さくなります。二つの音のうち一つの音がもともと小さければ、「うなり」による音量の変化は小さく、逆に二つの音の音量がほぼ同じならば、音量が大きく変化するでしょう。

ニュートリノ振動でも、振動によって周期的に完全に別のニュートリノに転移するのは特別な場合で、ふつうは別のニュートリノに最大に転移しているときでも、最初のニュートリノの成分は残っています［図6－6］。図6－4中の混合角θは、どれだけ別なニュートリノに転移するかをあらわしています。もし、θが0度なら、あるとき生成されたμニュートリノは永久にμニュートリノのままです。一方、θが45度なら［図6－5］、μニュートリノがちょうどよい距離を飛んだときは、100パーセントτニュートリノに転移します。

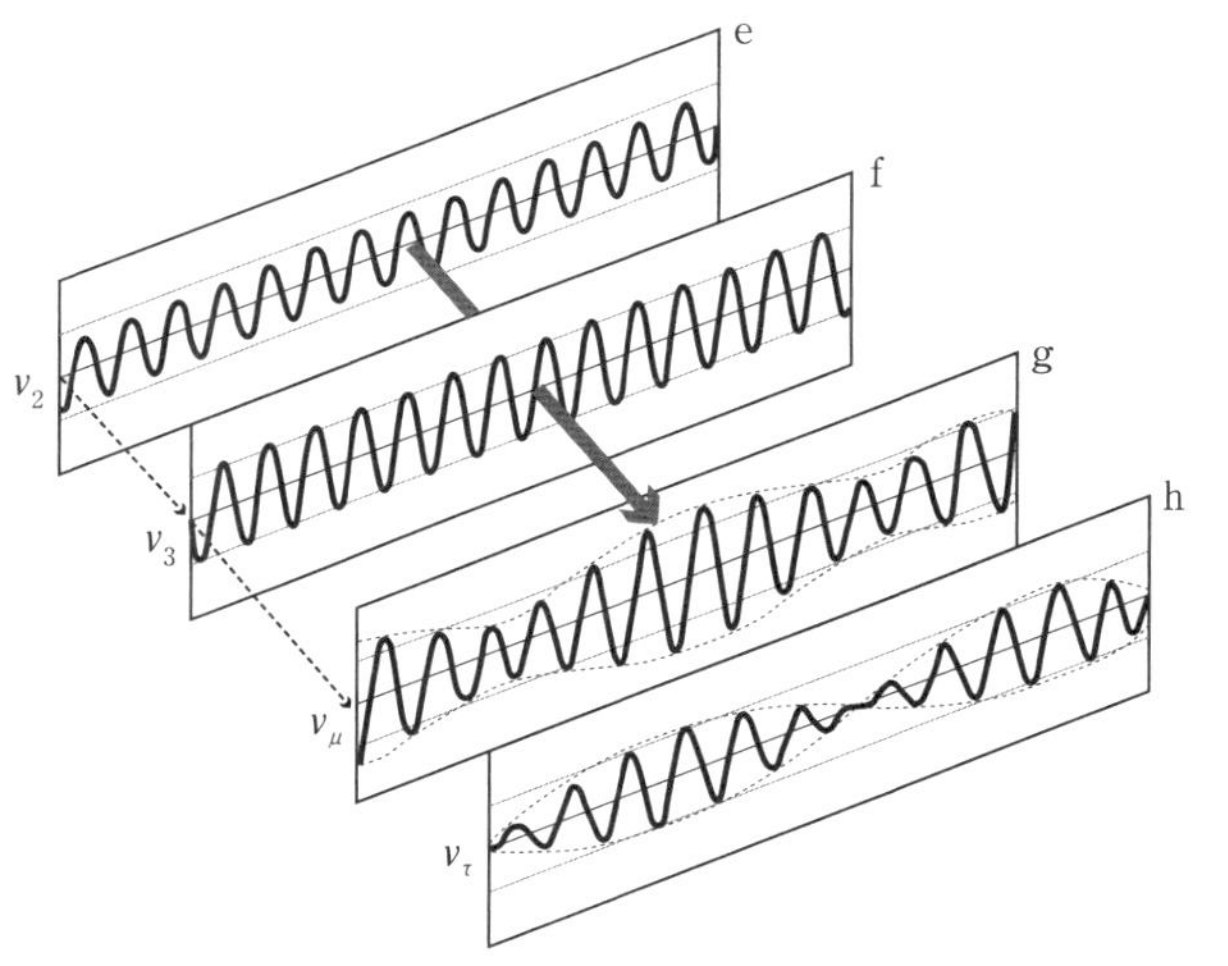

図6-6　ν_2とν_3の振幅が異なる場合のニュートリノ振動。「うなり」の振幅が最小になったときでも、ν_μの成分はゼロにはならない。

ところで、「混合」はなにもニュートリノに限られたものではなく、クォークにもあります。クォーク間の混合は長年、加速器を用いた実験で測定されてきました。そしてクォーク間の混合角は小さいことが分かっていました。

図6-1を見ると、クォークとレプトンがなんとなく似たパターンで分類されていることが分かると思います。この類似性はもちろん、研究者にも非常によく知られたもので、「クォーク間の混合角が小さい」ことが、一歩進めて「ニュートリノ間の混合角も小さいはずだ」という先入観になり、研究者の間に強く浸透してしまいました。

したがって、ニュートリノ振動もその効果、すなわち別な種類のニュートリノになる割合、は小さいと思われていました。

たとえば第4章で述べた、観測される太

陽ニュートリノの数が理論値よりずっと少ない問題は、太陽中心部の核融合反応で生成された電子ニュートリノが、地球まで飛んでくる間に別の種類のニュートリノに転移したと考えれば説明可能です。しかしそのためには大きい振動確率、つまり大きい混合角が必要となってしまうので、あまり現実的とは考えられませんでした（この問題がどのように決着したかは、第8章で解説します）。

ニュートリノの混合角についてのこの先入観が大きく間違っていたことは、現在では知られています。

●μニュートリノが足りない！——大気ニュートリノも不足していた

「ニュートリノ不足」は太陽ニュートリノだけではありません。大気ニュートリノの観測でも、同じようなことが起こっていました。

すでに第3章で書いたように、宇宙線が地球の大気中に入射すると、大気中の酸素や窒素の原子核と相互作用してπ中間子が生成されます。これらのπ中間子は不安定でミューオンとμニュートリノに壊れ、さらにミューオンは電子とμニュートリノと電子ニュートリノに壊れます［図3－2］。大気ニュートリノ中のμニュートリノと電子ニュートリノの数の比は、簡単に精度よく計算できます（ごく大ざっぱには、π中間子が1個生成されるたびにμニュートリノが2個、電子ニュートリノが1個つくられる勘定です）。したがって、実験で観測されるμニュートリノと電子ニュートリノ事象の数の比も、おおよそ計算どおりになっているはずです。

ところがカミオカンデのデータを詳細に解析してみると、電子ニュートリノ反応で生成される電子はおおよそ予想どおりの数が観測されていましたが、μニュートリノ反応で生成されるミューオンの数は予想の60％程度でした。こんなことは（当時の）常識では考えられません。いったいなにが起こっていたのでしょう。

カミオカンデがこの観測結果を最初に発表したのは1988年です。このデータは、もしμニュートリノとτニュートリノ間のニュートリノ振動が存在し、μニュートリノの半分近くがτニュートリノに転移していると仮定すると説明できます。それなら、カミオカンデでτニュートリノを観測すればよさそうに思えます。しかし、後で詳しく述べますが、τニュートリノの観測はすごくむずかしく、カミオカンデでは観測できませんでした。

さていま、「ニュートリノ振動で説明できる」と簡単に述べましたが、当時の「常識」では、μニュートリノが振動して半分近くτニュートリノになるなど、とても受け入れられるものではありませんでした。もちろん、常識では考えられないようなデータを公表するのですから、公表の前にはカミオカンデ実験グループ内部でもいろいろな意見が出ましたし、データについて本当にさまざまな検討がなされてきました。

そして公表後も、当時の常識のためか、カミオカンデが公表したデータには、いろいろな疑いが議論されました。さらに、ヨーロッパの二つの実験データを解析すると、カミオカンデの結果は確認されず、それどころかカミオカンデの結果を否定するような、ニュートリノ振動のない予想とまったく矛盾のない結果が出ました。

カミオカンデと同様の結果が、別の実験からやっと得られたのは1991年、IMB実験からの報告でした。そう、１９８７年の超新星爆発で、カミオカンデに引きつづきニュートリノを観測した実験です。この実験装置はカミオカンデと同様に大量の水を用いた装置で、カミオカンデより約3倍大きいのですが、光電子増倍管が小さくて、光の検出効率は劣るものでした。いずれにしても、合計4実験の結果は異常あり2対異常なし2に分かれて、明確な結論は得られませんでした。

●科学に幸運はつきもの

ところで、いま述べたカミオカンデの発見は、カミオカンデという非常によい測定器があったおかげですが、かなり偶然に近かったことも書いておきたいと思います。

そもそものきっかけは、陽子崩壊の検出感度を上げることでした。そのために、１９８６年頃から、電子とミューオンのつくるチェレンコフ光のリングを識別する解析プログラムの改良を始めていたのです。もし陽子が崩壊するなら、陽子がどのような粒子に壊れるかを調べることが、すごく大切なためです。

完成したプログラムでまず試しに、すでにあるデータのうちいちばん解析しやすい、大気ニュートリノのデータを解析してみました。チェレンコフ光のつくるリングが一つだけしか観測されない簡単な事象で試してみることにしたのです。本当は陽子の崩壊という宝物を、大気ニュートリノ反応のゴミの中から探したいのですが、まずは大気ニュートリノの事象で性能を確認しようとしたのです。すると、結果は予想と全然ちがっていました。これが少なすぎるμニュートリノ発見のきっかけです。

科学上の発見はしばしば、偶然の結果であると言われます。カミオカンデのこの発見にも、偶然が働いたと思います。ニュートリノ振動の研究は、当時のカミオカンデ関係の「科研費」(研究費)の申請書中に記載があるように、カミオカンデ実験が始まる前から考えられていた研究テーマの一つでした(もちろん、当時の多くの科学者の考えとはちがって、混合角が大きくないと、ニュートリノ振動の発見はむずかしいことも分かっていましたが……)。素粒子の大統一理論の多くはニュートリノの質量が「ある」と予言していました。さらに、ニュートリノの質量を探すには、ニュートリノ振動以外の方法ではむずかしいことも分かっていたので、世界中でニュートリノ振動を検出する実験が始まっていました。こう考えると、この偶然がなくても、遅かれ早かれ発見されたでしょう。しかし偶然が研究を相当加速させたとも思われます。

●つぎのステップ

科学の発見は、他の実験で確認されてはじめて、事実と認定されるという伝統があります。一つの実験の結果だけに基づいて学問体系を築いた後、その「発見」が間違いであったと分かった場合、研究分野全体の損失が非常に大きくなるためです。

したがって、大気ニュートリノ中のμニュートリノが不足しているというカミオカンデのデータは、1990年代前半には、とても事実と認定される状況ではありませんでした。そのためには、実験的にさらに証拠を積み上げていくことが必要と、実験グループは考えていました。

もし観測されたμニュートリノの不足がニュートリノ振動だとすると、大気上空で生成され、上からカミオカンデに飛来するμニュートリノは、地表までの飛行距離がわりあい短いのでまだニュートリノ振動をしておらず、一方、地球の反対側の大気上空で生成され、地球をはるばる通過してきたμニュートリノは、ニュートリノ振動の結果別のニュートリノに転移して、その分もとのニュートリノが減っているかもしれません。どのようにしたらこの現象を観測することができるでしょう。

答えをさきに言ってしまうと、エネルギーの高いニュートリノを選んで調べるのです。エネルギーの高いμニュートリノの主な反応は、水中の中性子や陽子と反応してミューオンをつくるというものです。このミューオンのチェレンコフ光を検出して、ミューオンの向きを調べれば、もとのμニュートリノがどっちの方角からやってきたかが分かるはずです。

1988年の論文で使われたニュートリノ事象のエネルギーは、割合低いものでした。たとえると、1円硬貨を10円硬貨に当てて、そのあと1円硬貨がどちらの方向に跳ね飛ばされるかを見るようなものです。この場合、1円硬貨は10円硬貨のどこに当たるかによって、いろいろな方向に飛ばされます。これと同じ理由で、μニュートリノが飛来する方向と、ニュートリノ反応で生成されるμ粒子の方向の角度にはあまり関係がなく、μニュートリノが地球の反対側から上向きに飛んできても、ミューオンの方向は下向きになったりします。このため、もしニュートリノ振動のために地球を通過してきたμニュートリノだけが減っていたとしても、なかなかはっきりと観測しづらかったのです。

しかしエネルギーの高いニュートリノの場合は、10円硬貨を1円硬貨に当てて、そのあと10円硬貨がどちらの方向に跳ね飛ばされるかを見るようなものです。10円硬貨が1円硬貨とぶつかった後向かう方向は、もともとの方向とあまり変わりません。つまり上向きに飛んできたμニュートリノの反応でつくられたミューオンは、ほぼ上向きに飛ぶはずです。

このように、μニュートリノとミューオンとの角度相関は、ニュートリノのエネルギーが高くなるとともによくなります。下から来るμニュートリノの数だけ減っていることは、エネルギーの高い大気ニュートリノ事象を解析すれば確認できるかもしれません。

そして解析の結果、下から飛来するμニュートリノだけが減っているらしいことが確認されたのは、1994年のことです。

この頃から、もしかしたら、本当にニュートリノ振動が観測されているのかもしれないという雰囲気が、世界の研究者の間に少しずつ出てきました。

●カミオカンデは小さすぎた

ただ、カミオカンデは測定器が十分な大きさでなかったので、大気ニュートリノは数日に1回しか観測できませんでした。10年近くためたデータを解析しても、十分な数のニュートリノを観測できず、ニュートリノ振動の決定的な証拠とはならなかったのです。決定的でないとはどういうことでしょう。例を挙げて説明します。

たとえば予想されるニュートリノの数が25にもかかわらず、観測数が13だったとしましょう。この場合予想される数というのは、「いつでもかならず25である」ということではありません。予想が正しければ、「実験を幾度も幾度も繰り返すと平均値が25になるはず」、というものです。1度だけの実験では、たまたま20以下の観測数になる場合が16％くらい、たまたま15になる場合も2％くらいあります。13になることも、1％くらいあるのです。でも、同じ実験を2回繰り返して、2回とも13しか観測できなかったとしましょう。その確率は1％×1％＝0・01％で、偶然とは言いがたいですね。なお、カミオカンデのような「待っている」実験の場合、実験を繰り返すというより、長い期間観測することで、データの信頼性を上げていきます。同じ実験を2回行うことと、同じ実験で2倍の期間観測することの意味は同じなのです。このように、観測結果が決定的なものとなるかどうかにはしばしば、十分な数の観測データがあるかどうかが問題になります。

カミオカンデの場合、約10年間観測をつづけたとはいうものの、観測されたニュートリノのデータは、地球の反対側から飛んでくるニュートリノが減っているという予想と矛盾はなかったのですが、たまたま観測されたニュートリノの数が少なかっただけかもしれないという、1％くらいの可能性を排除できなかったのです。

たった1％であれば、もうニュートリノ振動が発見されたと言ってよいのではないか、と思われる方も多いと思います。しかし、新たな自然法則の証拠を探すような研究分野では、この程度の信頼性で安心して、その先のことを考えるのは危険だということを、研究者はよく知っています。それに、いろいろと検討して結果を公表しているとはいえ、なにか気づいていないミスがあるかもしれないので、一つの実験だけの結果を信じるのも危険です。

一つの解決策は、さらに長いこと観測をつづけることです。しかし10年間では不十分だからといって、１００年間観測をつづけるというのは、現実的ではありません。現実的な方法は、観測装置を大きくすることでした。

●スーパーカミオカンデ──太陽ニュートリノ天文台

カミオカンデの性能をさらによく、かつ大きくしたスーパーカミオカンデのアイデアを、小柴昌俊先生がはじめて出したのは、カミオカンデが実験を始めて数カ月後の１９８３年の秋でした。第4章で述べたように同じ頃、大気ニュートリノよりもエネルギーの低い太陽ニュートリノも観測できるようにカミオカンデを改造する案も、やはり小柴先生から出されています。そのおかげで、カミオカンデでは太陽ニュートリノの数が理論の予想より少ないとするレイモンド・デイヴィスの観測結果が、大筋で間違っていないであろうことを示すことができたのです。

しかし、本格的な「太陽ニュートリノ天文台」と呼べる頻度で太陽ニュートリノを観測するには、もっと大きな測定器が不可欠であることも、小柴先生は見抜いていました（カミオカンデは小さすぎて、太陽ニュートリノの観測頻度はせいぜい10日に1度程度でした）。

このような考えに基づいて、スーパーカミオカンデは概念設計がなされました。世界に先駆けて太陽ニュートリノを数多く観測し、本格的な「太陽ニュートリノ天文台」を実現することが、大きな目標の一つでした。この装置は小柴先生の東京大学退官後、後を引き継いだ戸塚洋二東京大学宇宙線研究所教授（当時）の努力によって、１９９１年に建設が認められました。

カミオカンデで用いられた純水は３０００トンでしたが、スーパーカミオカンデの水槽は5万トンです。水槽は内水槽と外水槽に分かれて、内水槽でニュートリノ反応の詳細を調べ、外水槽は邪魔者の宇宙線が入ってきたかなどの確認に使われます。この本にもときどき出てくる、カミオカンデの競争相手であったアメリカのＩＭＢ実験は、１９９１年に実験終了となり、その後実験グループメンバーの多くは、新たなメンバーを加えて、スーパーカミオカンデ実験に参加しました。それ以来現在に至るまで共同で研究が進められています。建設ではアメリカのグループは外水槽を担当しました。内水槽の光電子増倍管は、カミオカンデの約10倍の1万1０００本です。アメリカのグループ担当の外水槽では、約1９００本の光電子増倍管が使われました。図6－7にスーパーカミオカンデの概念図を、また図6－8に建設時の写真を示します。

スーパーカミオカンデはカミオカンデと同じ鉱山の中の、２００メートルほど離れたところに建設されました。測定器を設置する地下空洞の大きさは直径約42メートル、高さは最大58メートルというものです。図6－9にスーパーカミオカンデの空洞が掘削（くっさく）されたときの写真を示します。こんな空洞を地下1０００メートルに掘って本当に大丈夫なのでしょうか。むろん事前にさまざまな調査が行われ、十分岩盤の質がよい候補地が選ばれました。

空洞のつぎは水槽です。5万トンの自立する水槽は非常に高額になることが明らかだったため、掘削した岩盤の壁にステンレスの板を張りつけて水槽をつくり、水圧は岩盤で吸収することになりました。

スーパーカミオカンデは１９９６年春に完成してデータをとりはじめて以来、大量のニュートリノ観測データを提供しています。スーパーカミオカンデは主に日本の予算によって建設、観測研究

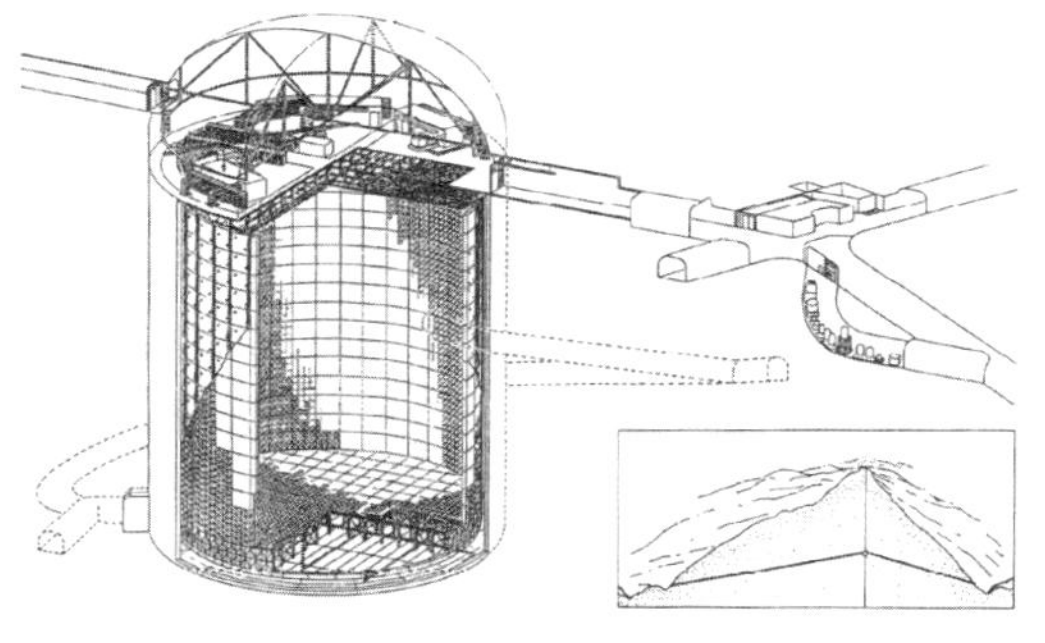

図6-7　スーパーカミオカンデの概念図。日建設計による。標高約1360メートルの池の山の山頂の真下に実験装置が置かれている。これで、地下1000メートルまでもぐるのと同じように、バックグラウンドを遮ることができる。観測機器があるスペースまでは、山腹からほぼ水平に掘られたトンネルを通って行くことができる（東京大学宇宙線研究所神岡宇宙素粒子研究施設提供）。

図6-8　建設時のスーパーカミオカンデ。水槽の側面に光電子増倍管を設置しているところ。写真の左半分には光電子増倍管が取りつけられ、右半分は水槽の側面に光の反射のために取りつけられたシートが見える。1995年夏撮影（東京大学宇宙線研究所神岡宇宙素粒子研究施設提供）。

図6-9　掘削完了時のスーパーカミオカンデ地下空洞。底面から最上部まで約58メートル。1994年夏撮影（東京大学宇宙線研究所神岡宇宙素粒子研究施設提供）。

が行われている装置で、建設期間は1995年度末（1996年3月末）まで、観測は1996年度（1996年4月1日）からと予算上なっていました。そのため、当時の研究代表者であった戸塚先生は1996年4月1日の午前0時に観測を開始すると宣言し、研究グループに一丸となってこの目標に向かって建設を進めるように仕向けました。そして実際そのとおりに観測が開始されました。この時点のスーパーカミオカンデの水質はまだ十分きれいではなく、科学研究に使えるデータがとれはじめたのはその2カ月後くらいからでしたが、いずれにしても明確な目標設定の大切さを示してくれていると思います。

スーパーカミオカンデでは観測に使える装置の体積がカミオカンデの約20倍大きいので、観測データは20倍の速さで集まります。このようにたくさんのデータがあると、実験の精度を決めるのはニュートリノの観測数ではなく、むしろ、どれだけ信頼性のあるデータ解析ができるかにかかってきます。

●1998年6月、高山

そこで実験グループでは、信頼できるデータが出せるように、データ解析プログラムを開発し、手分けして測定器の性能の確認も行いました。カミオカンデの段階で、ほぼひととおりのデータ解析のプログラムがあったとはいえ、やはり別な実験ですし、またいままで以上に精度のよい観測をするために、新たに開発するデータ解析プログラムも数多くありました。

データをとりはじめて1年以上たった1997年夏頃から、少しずつ自信のあるデータが出せるようになりました。その後いろいろな角度からデータの信頼性などが確認され、そして1998年6月に岐阜県高山市で開催されたニュートリノ国際会議で、ニュートリノ振動発見の発表がなされました。当初、プログラム上でのスーパーカミオカンデの大気ニュートリノの発表のタイトルは、「スーパーカミオカンデとカミオカンデからの結果」となっていましたが、発表の際にはこれに加えて「ミューオンニュートリノ振動の証拠」という副題をつけての発表となりました。

ニュートリノ国際会議は2年に1度、持ち回りで開催される、ニュートリノに関してもっとも重要とされる国際会議です。1996年にスーパーカミオカンデの実験が始まり、新しい結果が期待されたため、日本での開催となりました（カナダで開催される予定でしたが、後で出てくるカナダのＳＮＯ実験の準備が遅れたこともあり、日本での開催となったと聞いています）。

ニュートリノ振動が起こっていることをもっとも明確に示すには、さきほども述べたように、飛行距離の割合短い上から飛んでくるニュートリノと、飛行距離のはるかに長い下から（地球の裏側から）飛んでくるニュートリノの数を比べて、予想値どおりかどうかを調べることです。もし、μニュートリノが振動してτニュートリノに変わっているとすると、下から来るμニュートリノの数が予想した値より少ないはずです。つまりニュートリノ振動の確かな証拠となります。

このような考えに沿って、ニュートリノがどの方向からやってきたかが、精密に調べられました。その結果を図6－10に示します。図6－11は、図6－10と同じ条件でスーパーカミオカンデの観測データを２０１２年分までまとめて示したものです。電子ニュートリノは基本的に予想どおりに上からも下からも飛来していますす。一方下から飛来するμニュートリノ事象の数が、ほぼ半分になっていることが、すぐに分かりますね。

図6-10（左ページ）　1998年に岐阜県高山市で開催されたニュートリノ国際会議のときの、スーパーカミオカンデの大気ニュートリノのデータ。上が電子ニュートリノ、下がμニュートリノのデータを示す。図の横軸は到来方向分布を示し、右側が下向きの粒子が観測されたもの（上から飛来したもの）、左側が上向きの粒子が観測されたもの（地球の反対側から飛来したもの）、中央は横向きの粒子が観測されたものを示す。下から飛来したμニュートリノの数（下の図の左下の「139」と書かれた部分）が、予想値（網がかかった枠）を大きく下回っていることを示している。なお、これは国際会議で私が使用したスライドをそのままコピーしたもので、1998年当時は、まだコンピュータで描いた図に手書きで説明を加えていた。

Zenith angle dependence
(Multi-GeV)

Up-going　　Down-going

(a) FC e-like　Data　MC +MC stat

Number of Events

ⓔ　χ^2(shape) $= 2.8/4$ dof

$\frac{\text{Up}}{\text{Down}} = 0.93\,^{+0.13}_{-0.12}$

(b) FC μ-like + PC

139　256

Number of Events

$\cos\Theta$

Ⓜ　χ^2(shape) $= 30/4$ dof

$\frac{\text{Up}}{\text{Down}} = 0.54\,^{+0.06}_{-0.05}$

(6.2σ !!)

※ Up/Down syst. error for μ-like

Prediction (flux calculation …… $\lesssim 1\%$; 1km rock above SK …. 1.5%) 1.8%

Data (Energy calib. for ↑↓ …. 0.7% ; Non ν Background …. < 2%) 2.1%

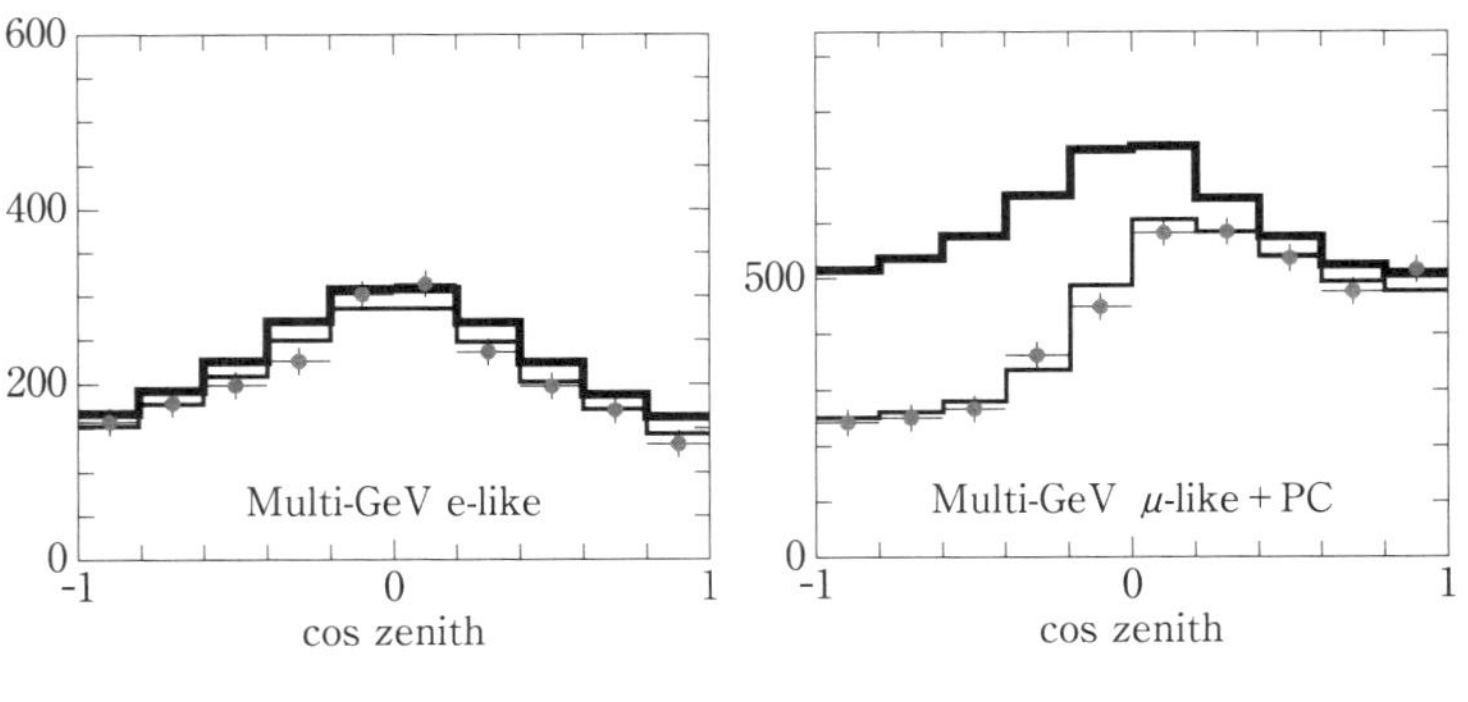

図6-11　2012年までのスーパーカミオカンデの大気ニュートリノ観測データを用いて作成した図。左が電子ニュートリノで右がμニュートリノ。**図6-10**と同様、横軸は到来方向で、右側が下向き、左側が上向き、真ん中は横向きをあらわしている（「cos zenith」は真上から飛来したと考えられる場合を角度０度、反対の方向からの場合を180度とした角度 zenith にコサイン cos を取ったもの）。やはり下から来るμニュートリノが予想値を下回っていることが分かる。

下から飛来したニュートリノのデータは、実験誤差では考えられない大きい欠損を示しています。**図６－10**に示した分布、また他の証拠も複数あり、それらがすべて矛盾なくニュートリノ振動で説明できました。１９９８年６月、ニュートリノ振動は受け入れられたのです。それまで10年間、カミオカンデのデータを報告してニュートリノ振動の可能性を指摘してきましたが、専門家はニュートリノ振動をあまり信用しませんでした。しかしこのときは、発表が終わると拍手が長く長く続きました。このときを境に、ニュートリノ振動が研究者に受け入れられたことを感じました。

ちなみに**図６－10**中に「6.2σ !!」（σ＝シグマ）と書かれています。「σ」は「標準偏差」をあらわす記号で、この数が大きいほど、予想からの「ずれ」が確かな事実であることを示します。もう少し馴染みのある表現に直すと、「ニュートリノ振動のような事象がなにも起こっていないのに、たまたま上向きのニュートリノがこれだけ少なく観測される確率は、おおよそ 0.0000000003%」ということです。「たまたま」の確率がここまで小さくなってはじめて、広く実験事実として認められるのです。

この観測から、細かい専門的な議論をとりあえず忘れ、もし重いほうのニュートリノの質量は軽いほうよりずっと重いと仮定すると（この仮定が正しいかどうかはまったく分かりませんけど）、いちばん重いニュートリノ（ν_3）の質量が求められました。いちばん重いニュートリノの質量は約 0.05 電子ボルト。ニュートリノ以外の「物質のもとになっている仲間」の素粒子でいちばん軽い電子の質量が約 500,000 電子ボルト（0・5メガ電子ボルト）ですから、おおよそ1000万分の1でした。あるいは、いちばん重いニュートリノと比べるべきはいちばん重いクォークかもしれません。とすると、いちばん重いクォーク（トップクォーク）の質量は約 175,000,000,000 電子ボルト（175ギガ電子ボルト）ですから、いちばん重いニュートリノの質量はいちばん重いクォークのおよそ4兆分の1です。これはなにを意味するのでしょうか？　あらためて第10章で触れたいと思います。

●すごく大きな混合角

さて、図6－11で上向きμニュートリノ事象が、約半分にまで減っていることに着目します。前に、ニュートリノ振動によって別のニュートリノに転移する確率と混合角の関係について述べたので、それをもとに考えてみます。少し数字が出てくるので、面倒な場合は読み飛ばしてください。

いま、混合角が45度の場合を考えてみます【図6－4】。この場合、μニュートリノは二つの質量状態が同じ割合で混ざったものなので、もともとのニュートリノ（μニュートリノ）が別のニュートリノ（τニュートリノ）に転移する確率は、飛行距離に応じて100パーセントになったり、0パーセントになったりすることはすでに述べました【図6－5】。もし、飛行距離が十分長くて、また、いろいろな飛行距離のニュートリノが飛んでくる場合を考えると、この場合は平均して、μニュートリノのままでいる確率は半分となり、残り半分はτニュートリノになってしまいます。したがって、観測された上向きμニュートリノが予想の半分の数であったということは、混合角が約45度であることを意味しています。これはクォーク間の混合角とはちがい非常に大きい値で、なぜこんなにちがうのか、すごく不思議です。専門家の間でも、このことは大きな謎として議論されています。

●振動の起こる距離

スーパーカミオカンデで確認された大気ニュートリノの振動は、地球の反対側から飛来するμニュートリノがτニュートリノになり、またμニュートリノに戻り、またτニュートリノになり……と何度も振動して、平均して半分だけ残っていると考えられるものでした。

最初μニュートリノだったものが、飛ぶ距離が長くなるとともにだんだんτニュートリノに変わり、さらに飛ぶとまただんだんμニュートリノに戻ることが、周期的に繰り返されます。生成されてまだほとんど飛んでないニュートリノが物質と反応すると、反応の結果生まれるのはミューオンです。しばらく飛ぶと、μニュートリノとして反応する確率がたとえば99%、τニュートリノとして反応する確率が1%と変化し、さらに飛ぶとμニュートリノとして反応する確率が50%、τニュートリノとして反応する確率が50%、さらに飛べばμニュートリノとして反応する確率が0%、τニュートリノとして反応する確率が100%と変化します。つまり、一つのニュートリノがμニュートリノとして反応する確率をX%とすると、τニュートリノとして反応する確率は(1−X)%なのです。とても不思議に感じられるかもしれませんが、これがニュートリノでは起こっているのです。

では、いったいどのくらいの距離を飛行したら、ニュートリノ振動の効果が見えはじめるのでしょう。これは、ニュートリノの来る方向が分かればニュートリノの飛行距離が分かるので、ニュートリノがどの方向から来たときにμニュートリノが減りはじめているかを見れば分かります。図6−11の右の図をもう一度見てください。横軸の右のほう(cos zenith = 1のあたり)がスーパーカミオカンデの上のほうから飛んできたニュートリノで、飛行距離は真上から飛んできたならだいたい15キロメートルくらいです。横軸の右端からだんだん左に移動して、グラフの中央(cos zenith = 0)が真横方向です。このときニュートリノの飛行距離は、大ざっぱに500キロメートルくらいです。最後にグラフの左端(cos zenith = −1のあたり)は地球の反対側から飛来したニュートリノで、飛行距離は最大で地球の直径の約1万2800キロメートルになります。

図から、おおよそ水平方向で、計算値(ヒストグラム=階段状の部分)よりデータ(大きい黒点)

が減ってくるのが見えはじめていますね。この情報を使うと、μニュートリノはおおよそ500キロメートル飛んだあたりからτニュートリノに変わりはじめることが分かり、この図に使われたニュートリノのエネルギーが分かれば、さきほど求めたようにニュートリノの質量を見積もることができます。

ところで私たちは、ニュートリノ振動からあらためて量子力学のすごさを感じさせられました。量子力学は原子や分子、あるいは素粒子などミクロの世界の法則として知られています。もちろん近年では半導体やそれを利用した製品など、量子力学を知らなければ製造できない製品も数多くあります。でも根本的には、ミクロの世界の法則です。ニュートリノ振動も、量子力学の世界の干渉現象です。でも、考えてみてください。μニュートリノは500キロメートルくらい走ってτニュートリノになり、さらに500キロメートル、合計1000キロメートルくらい走ってもとのμニュートリノに戻ります。つまり、量子力学の現象がミクロの距離でなく、1000キロメートルというとても大きな距離でも起こるのです。もしミクロの世界を文字通り1ミクロン（10^{-6}）以下の世界とすると1000キロメートルは、その10^{12}倍になります。量子力学の概念の適用範囲の広さに驚かされます。

●スーパーカミオカンデの事故

ここまで、スーパーカミオカンデの成果を述べてきましたが、2001年のスーパーカミオカンデの事故についても書いておかねばならないと思います。

図6-12　破損した光電子増倍管（東京大学宇宙線研究所神岡宇宙素粒子研究施設提供）。

１９９６年の観測開始以来約５年が経過し、スーパーカミオカンデでは、故障した光電子増倍管の交換が行われました。交換作業が終わり、水槽に純水を注入し、純水が水槽の半分を超えたところで、水面下の光電子増倍管の一つが壊れたのです。

壊れた光電子増倍管はものすごい水圧でつぶれ、つぶれ終わるとその反動で衝撃波が出て、それがまわりの光電子増倍管を壊し、壊れた光電子増倍管がつぶれたときにまた衝撃波を出す、ということが繰り返されて、ほぼ一瞬のうちに半分以上の光電子増倍管が壊れてしまいました［図６－12］。２００１年11月のことでした。

実験グループの誰もが絶望する中、戸塚先生はつぎの日にはホームページ

Dear colleague,

As a director of the Kamioka Observatory, which owns and is responsible to operate and maintain the Super-Kamiokande detector, it is really sad that I have to announce the severe accident that occurred on November 12 and damaged the significant part of the detector. We would like to express our deep regret to Japanese, US and Korean people who have generously supported the Super-Kamiokande experiment. The cause and how to deal with the loss in future will be discussed by newly founded committees. However, even before discussing with my colleagues of the Super-K and K2K collaborations, I have decided to express my intention on behalf of the staff of the Kamioka Observatory.

We will rebuild the detector. There is no question. The strategy may be the following two steps, which will be proposed and discussed among my colleagues.

1. Quick restart of the K2K experiment.
(1) We will clear the safety measures which may be suggested by the committees, (2) reduce the number density of the photomultiplier tubes by about a half, (3) use the existing resources, (4) resume the K2K experiment as soon as possible; the goal may be within one year.
2. Preparation for the JHF-Kamioka experiment.
(1) Restore the full Super-Kamiokande detector armed with the state-of-the-art techniques.
(2) The detector will be ready by the time of the commissioning of the JHF machine.

Needless to say, we will be able to study atmospheric neutrinos and search for proton decay with the step-1 detector. We will be able to maintain our watch for supernova with a somewhat higher-energy threshold.

To achieve our objective is formidable but we are determined to do so. We certainly need your encouragement, advice and help. I should appreciate it very much if you could support our effort as you have kindly done so before.

Best regards,
Yoji Totsuka
director, Kamioka Observatory
On behalf of the Kamioka Observatory staff

図6-13　事故の翌日、戸塚先生が「スーパーカミオカンデ」ホームページ上で世界に発信したメッセージと、戸塚洋二先生（2003年。Courtesy of Fermi National Accelerator Laboratory, Photographer Reidar Hahn）。戸塚先生は2008年に亡くなった。

上で、スーパーカミオカンデを必ず再建すると宣言し［図6－13］、共同研究者を率いて再建に乗り出しました。このような危機的状況での戸塚先生のリーダーシップは、本当に素晴らしいものでした。

もちろん、半分以上の光電子増倍管を失ったのですから、再建には予算も必要です。これについては幸いにも、日米両政府からサポートをもらい、研究グループが一丸となって再建を果たしました。

２００2年には、壊れずに残った光電子増倍管を水槽内全体にほぼ均一に配置してとりあえずの観測を再開し、その後壊れた分の光電子増倍管を用意し取りつけて、２００6年に完全に再建がなされました。

スーパーカミオカンデは以下で述べるように、いまでも世界のニュートリノ研究に大きく貢献しています。再建を支えてくださったすべての方々にお礼を申し上げたいと思います。

●世界に先駆けたK２K実験

話を元に戻します。エネルギーの分かったニュートリノがどのくらいの距離を飛んで別な種類のニュートリノに変わるかが分かれば、ニュートリノ振動を観測できる方法が他にも考えられるかどうかも分かります。

さきほど述べたように、大気ニュートリノのデータは、ニュートリノはおおむね５００キロメートルも走ればかなり振動するだろうと示してくれました。ただ、この距離はエネルギーによって変わります。もしニュートリノのエネルギーが低ければ、振動はエネルギーに比例して短い距離で起こります。逆にエネルギーが高ければ、より長い距離を走ってはじめて、ニュートリノ振動が見えはじめます。

１９９５年、スーパーカミオカンデが建設途上にあった頃、東京大学の西川公一郎助教授（当時、現在は高エネルギー加速器研究機構名誉教授）は、つくばにある高エネルギー物理学研究所（現高エネルギー加速器研究機構、略称ＫＥＫ）の陽子加速器でμニュートリノを生成して、スーパーカミオカンデで観測するニュートリノ振動実験を提案しました。

この実験では、それまでニュートリノ実験を行っていなかった高エネルギー物理学研究所に、ニュートリノ生成のための新しい実験施設をつくる必要があり、かなりの大工事でしたが、無事に完成して１９９９年から実験が開始され、２００４年までつづきました。

さて、この実験は「ＫＥＫから神岡へ（KEK to Kamioka）」を略して「Ｋ２Ｋ実験」と呼ばれました。Ｋ２Ｋの「２」は「to」をあらわしています。図6－14がＫ２Ｋ実験でμニュートリノを生成する施設の写真です。

スーパーカミオカンデはここから２５０キロメートル先です。さきほどは、ニュートリノは５０キロメートル程度で振動するだろうと書きましたから、２５０キロメートルは少し短いと感じるかもしれません。しかし、高エネルギー物理学研究所の加速器が加速する陽子のエネルギーは割合に低く、したがって生成されるμニュートリノのエネルギーも図6－10、11で使われた大気ニュートリノに比べて低かったので、都合がよいことに、２５０キロメートルでも十分おもしろい実験が

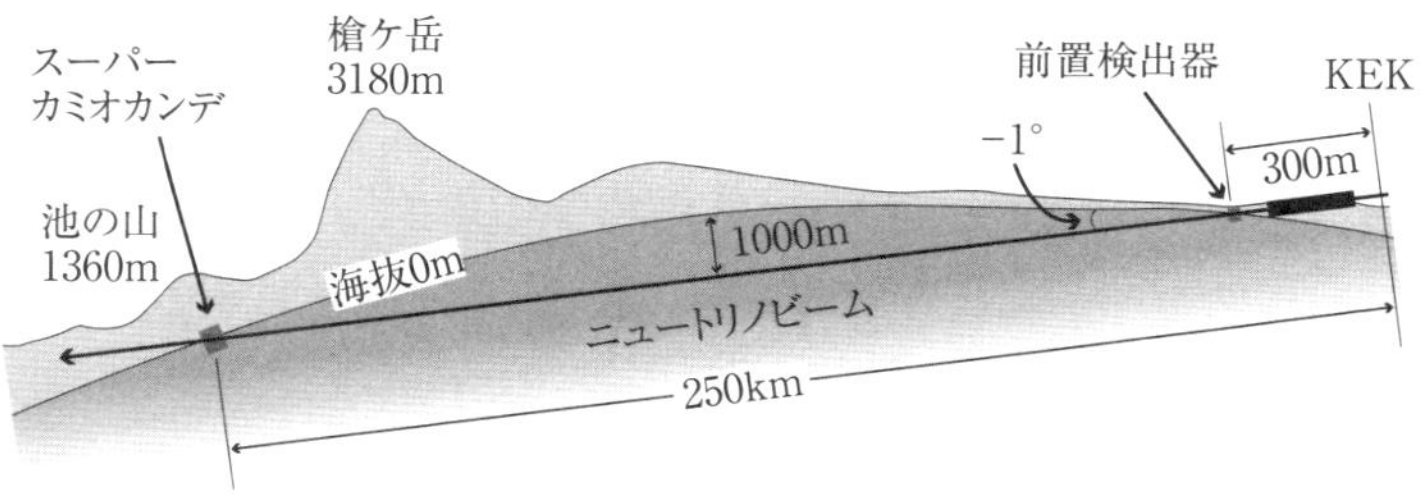

図6-14　加速器を用いたニュートリノ振動実験 K2K。写真の左下、四角い建物内に陽子加速器があり、加速された陽子が引き出される（白いレールのように見えるものがビームライン）。その後、写真中央下のあたりで、スーパーカミオカンデのある右上の方向にビームが曲げられ、レールの終点のあたりで標的に当てられてπ中間子が生成される。π中間子は走っている間に崩壊してμニュートリノが生成される。写真右上の小さな建物には、生成された直後のμニュートリノを観測する（スーパーカミオカンデに比べれば小さい）ニュートリノ測定器（下図の「前置検出器」）が設置されていて、スーパーカミオカンデで観測されるμニュートリノの数を求める。写真は高エネルギー加速器研究機構（KEK）提供、図は KEK ホームページ「K2K（長基線ニュートリノ振動実験）」の図をもとに作成。

可能でした。

もしニュートリノが振動していないとしたら、スーパーカミオカンデで158個のμニュートリノ反応が観測されるはずでした。しかし実際は、112個のμニュートリノ反応が観測されるにとどまりました。観測されたμニュートリノが予想より少なく、ニュートリノ振動が確認されたわけです。このようにして、加速器によってもニュートリノ振動が研究できることが示されました。

K2K実験が世界に先駆けて、加速器のニュートリノ振動実験を行えた理由は、まだ世界が大気ニュートリノのデータをいろいろと疑いながら議論していたときにいち早く提案をしたことと、また、すでにスーパーカミオカンデがあって、実験用に新たに巨大な測定器をつくらなくてよかったことなどが挙げられるでしょう。

●本当に「振動」している——MINOS実験の成果

同じように加速器を使った実験の構想は、τニュートリノを発見したフェルミ研究所でも進み、MINOSという実験が計画されました。アメリカにはスーパーカミオカンデに相当する大きなニュートリノの測定器がなかったので、MINOS実験ではまず測定器を設置する候補地を決定し、そこに新しい測定器を建設する必要がありました。その結果、加速器から735キロメートルのところにある鉱山の地下が選ばれました。

この鉱山には大気ニュートリノの観測をしていた装置があり、その近くに空洞を掘って、そこにMINOSの測定器が設置されています。測定器は総重量が5400トンでスーパーカミオカンデ

図6-15　MINOSの測定器。直径８メートル、鉄板と「プラスチック・シンチレータ」が、交互に484層連なり、長さは31メートルもある。フェルミ研究所でつくられたμニュートリノビームは、735キロメートルを飛んで測定器に到達し、多くは通り抜けていくが、いくつかは鉄の原子核と反応してミューオンをつくる。ミューオンがそれぞれのプラスチック・シンチレータを通過したときに出る「シンチレーション光」を観測すれば、ミューオンなどがどこを通ったかが分かる（Courtesy of Fermi National Accelerator Laboratory, Photographer Reidar Hahn）。

に比べれば小さいのですが、直径約8メートルで厚さ2・54センチメートルの鉄板と、幅約4センチメートルで、厚みが1センチメートルの「プラスチック・シンチレータ」が一面に敷き詰められた粒子検出器が、相互に484層も設置され、長さ31メートルもある巨大なものです［図6－15］。フェルミ研究所の加速器でつくられたμニュートリノビームは、この測定器に向けて飛んできて、多くは通り抜けていきます。

MINOS測定器の中でμニュートリノが鉄の原子核と反応してミューオンが生成されたとしましょう。そのミューオンがプラスチック・シンチレータを通過した際に出る「シンチレーション光」を観測し、プラスチック・シンチレータのどこかをミューオンが通過したという情報を得ます。ミューオンは厚さ2・54センチメートルの鉄板で少しエネルギーを失いますが、またつぎのプラスチック・シンチレータを通過してその情報が記録されます。このようにしてミューオンや他の粒子がどこを通ったかを記録する仕組みになっています。

さらに、この測定器全体に磁場がかけられていて、ミューオンが飛びながら曲がっていく方向を調べて、ミューオンの電荷、μ^+なのかμ^-なのか、すなわちμニュートリノの反応なのか、反μニュートリノの反応なのかも分かるようになっていて、スーパーカミオカンデとはちがった研究ができるように工夫されています。

MINOSが使った加速器はK2Kで使った加速器に比べて、より高エネルギーまで、またより多くの陽子を加速することができます。そのため、生成されるμニュートリノのエネルギーが高く、ニュートリノ振動を観測するためにはより長い距離を走らせなければなりません。一方でμニュ

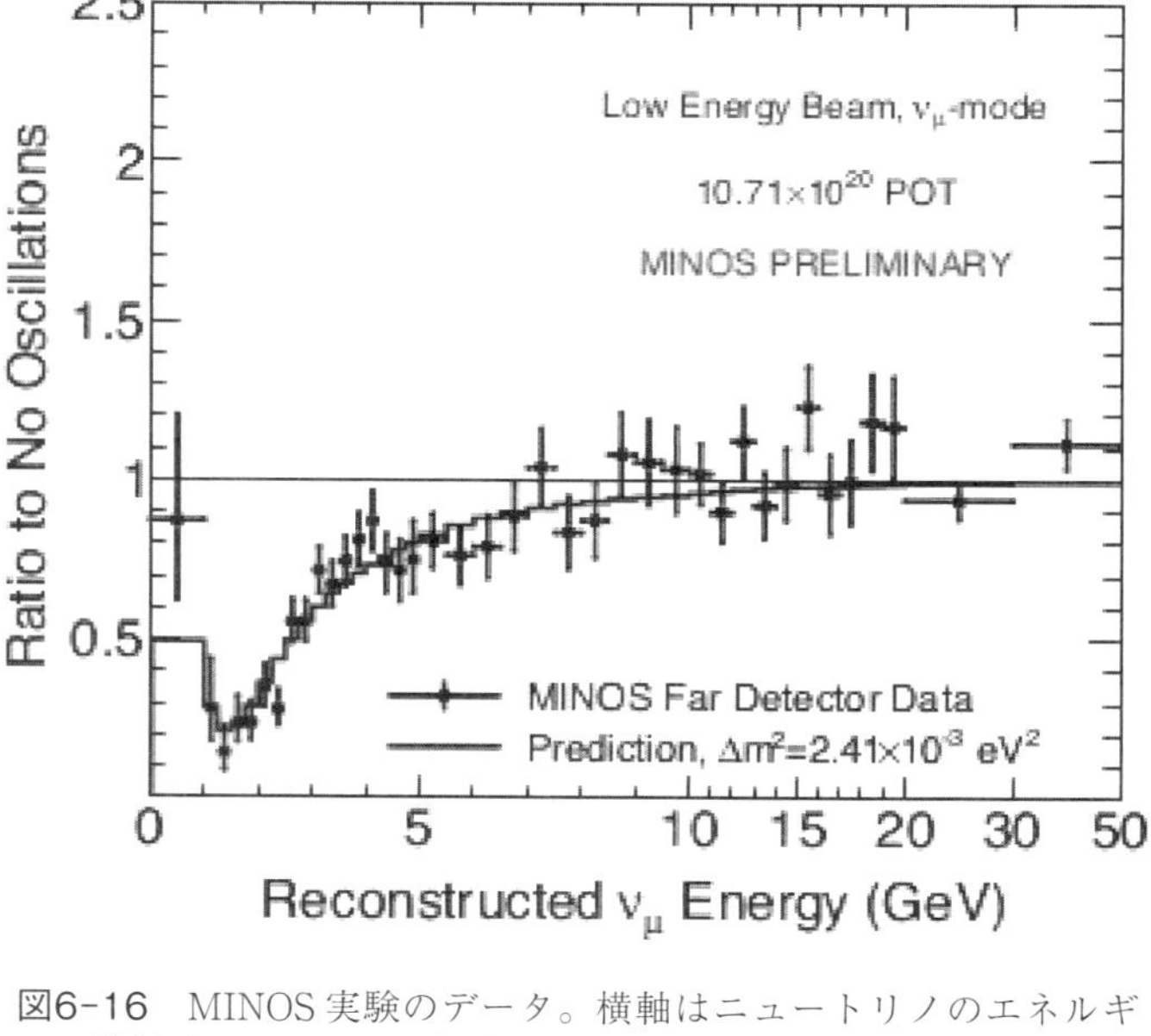

図6-16　MINOS 実験のデータ。横軸はニュートリノのエネルギー、縦軸はニュートリノ振動なしの場合の予想値とデータとの比が示してある。高エネルギーニュートリノは、おおよそニュートリノ振動なしの予想と矛盾しない数が観測されているが、エネルギーが下がるとともに減りはじめ、横軸の目盛りの１と２の間のあたりで予想の半分よりはるかに小さくなる。さらにエネルギーが下がると、また観測数が戻っている様子がうかがえる。実験装置の分解能などを考慮したニュートリノ振動の予想（左側でいったん下がって、右側に向けて上がっていく線）と、誤差棒つきの実験データはよく合っている。2012年のニュートリノ国際会議（京都）での、MINOS 実験グループの報告より転載。

ートリノがより多く生成されるため、短時間でより多くのμニュートリノが観測されます。

ＭＩＮＯＳ実験は２００５年にデータをとりはじめました。２０１２年の時点で、２８９４個のμニュートリノ反応を観測しています。もしニュートリノ振動がない場合、観測されるべきμニュートリノ反応の数は３５６４個ですから、ニュートリノ振動抜きにデータが説明できないのは明らかですが、これだけデータが増えてくると、もっとおもしろいことが見えてきます。

図６－16に示したのは、観測データがニュートリノ振動のない場合の予想と比較してどのくらい減っているかを、ニュートリノのエネルギーの関数として書いたものです。すでに説明しましたが、ニュートリノ振動が振動と呼ばれる理由は、ある種類のニュートリノが距離とともに減ったり増えたりするからです。しばらく飛ぶとμニュートリノの成分が減りはじめ、さらに飛ぶとふたたび増えはじめます。

ＭＩＮＯＳの実験では、μニュートリノの飛ぶ距離は７３５キロメートルと一定なので、距離の長短が振動にどう影響するのかは見えません。しかし、同じ距離を飛んだエネルギーの異なるμニュートリノの振動を比較することはできます。理論はニュートリノのエネルギーが高くなるほど、エネルギーに比例して振動長が長くなることを予言しています。この予言が正しいなら、同じ距離を飛んだ場合、高いエネルギーのμニュートリノは振動していないけれど、エネルギーが低くなるにしたがって振動の効果が大きくなり、μニュートリノの数は減っていきます。そしてあるエネルギーで効果が最大になります。しかし、さらにエネルギーが下がると、やはり振動の効果で、今度はμニュートリノが増えはじめるはずです。このことを知って図６－16を見ると、まさにそのようなことが観測されていることが分かります。

ニュートリノが「振動」していると言えるでしょう。

●ヨーロッパでの実験

日米と来たので、今度はヨーロッパでのニュートリノ振動の研究について、書いてみたいと思います。日米で加速器によるニュートリノ振動実験の検討が進んでいる頃、ヨーロッパでも検討がなされていました。ただ、まったく同じ実験を行うのでは意味がありません。スイスとフランスの国境にある欧州原子核研究機構（CERN）は、フェルミ研究所のものよりさらにエネルギーが高い陽子加速器を持っています。そこでヨーロッパでは、日本やアメリカの実験とちょっとちがうことを行うことにしました。

いままでの実験は、スーパーカミオカンデ実験を含めて、最初μニュートリノだったものがニュートリノ振動によってτニュートリノに転移したためμニュートリノが減ったのを観測するものでした。減ったことを観測しているだけなのですから、μニュートリノが本当にτニュートリノに変わったのかどうか、言い切ることはできません。しかしτニュートリノに変わったと考えると、すべての実験結果が無理なく説明できます。

そこでヨーロッパの実験では、ニュートリノ振動の結果生成されたτニュートリノを捕まえる実験を行うことにしました。ただし、前にも説明したように、τニュートリノを捕まえるのは簡単ではありません。

図6-17　OPERA 実験装置。この装置に原子核乾板57枚を収めた「パック」が約15万個設置されて、それによってτニュートリノ反応の結果生成されたτ粒子を検出する。OPERA ホームページより転載。

まず、τ粒子は重いので、高エネルギーのτニュートリノ反応でないと生成されません。この点、CERNの加速器は高エネルギーまで陽子を加速し、高エネルギーのニュートリノビームを生成することができるので、都合がよいと言えます（ただし、エネルギーが高いのでニュートリノ振動の効果はより長い距離を飛ばないと十分に現れません）。また、CERNから約730キロメートル離れたイタリアのグランサッソ研究所という地下実験の大きな施設に、測定器を設置することができます。

でも、それだけでは不十分です。ニュートリノ反応の結果生成されたτ粒子の検出がむずかしいからで

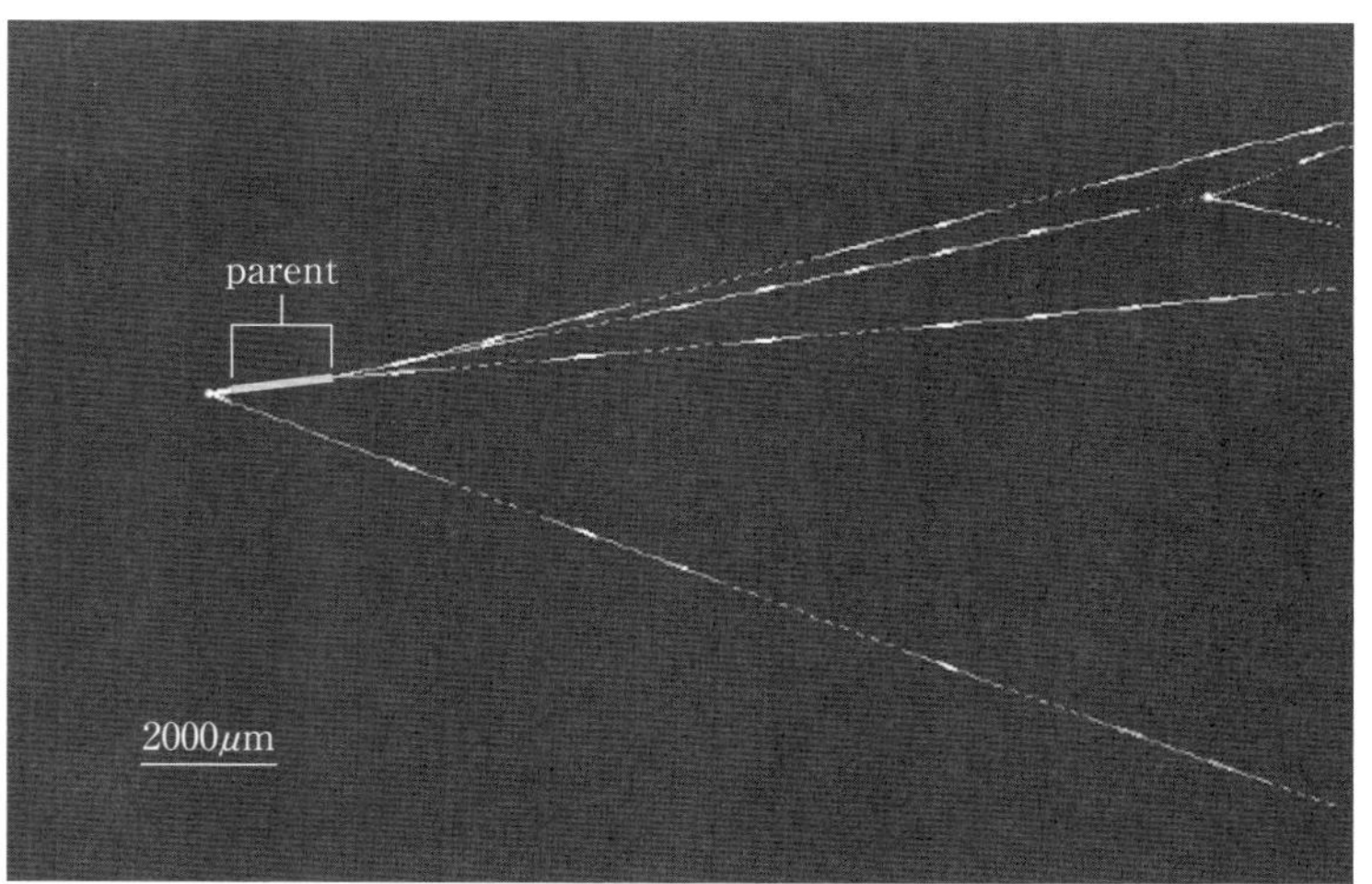

図6-18　OPERA実験で観測されたτニュートリノ反応の１例。中央左の「parent」と記された部分がτ粒子の飛跡。約２ミリメートル近く走ったのちに複数の別な粒子に崩壊した。2012年のニュートリノ国際会議（京都）でのOPERA実験グループ、中村光廣氏（名古屋大学）の報告中の図版を加工。

す。

このときも、前述した原子核乾板と、その自動読み取りの技術が問題を解決しました。

ＣＥＲＮとグランサッソの実験はＯＰＥＲＡ実験と呼ばれました。粒子の飛跡を記録する原子核乾板の大きさは約12・5センチメートル×10センチメートル、それと同じ大きさで厚さ1ミリメートルの鉛の板を交互にサンドイッチ状にした57層の「パック」をつくり、それを約15万個使って測定器をつくりました（したがって、使われた原子核乾板の数はおおよそ８５０万枚でした［図6－17］）。

ほぼ10年の準備期間を経て、２００８年から開始され、２０１２年までのデータで、τニュートリノの候補が4例観測されました。予想されるバックグラウンドは0・23しかなく、バックグラウンドが偶然4回観測される確率は10万分の1なので、μニュートリノは本当に振動してτニュートリノになっていたと分かりました。

第7章　宇宙線生成の謎に迫る

ニュートリノ振動が大気ニュートリノの観測から発見されたのは、前章で述べたとおりです。そしてこの大気ニュートリノは第3章で紹介したように、宇宙線が地球の大気と反応してつくられます。

第3章でも述べたように、宇宙線の中でいちばんエネルギーの高いものは、だいたい10^{20}電子ボルトになります。これは、宇宙線の主な成分である陽子を、人類が人工的に加速できたエネルギーの1000万倍以上にもなります。陽子1個のエネルギーが、プロテニスプレーヤーのサーブでテニスボール（3・5×10^{25}個の陽子と中性子からなる）の持つ運動エネルギーに匹敵するのです。

いったい宇宙線は、この宇宙のどこでどのように生まれ、どのような仕組みでこんなに高いエネルギーにまで加速されるのでしょうか？　1912年に宇宙線が発見されて以来、いろいろな研究がなされてきました。そして近年、ニュートリノによる観測で、この謎の解明に大きな進展がありました。これからもこの分野では、ニュートリノが重要な役割を担うはずです。

●宇宙線を加速する天体

宇宙線がどこでどのように加速されるのか、その仕組みの一部については、分かってきたこともあります。

第5章で、超新星爆発は重い恒星の最後の大爆発である、と書きました。でも本当に最後で、もうこの後は完全に消え去るだけかというと、そんなことはありません。

超新星爆発で、星の外側に向かって放出される大量の物質の速度は、光速の1〜10％にもなります。このような高速の物質が星のまわりの星間物質にぶつかると、衝撃波が生まれ、衝撃波によって、物質は加熱されます（つまり、エネルギーの高い状態になります）。このようなダイナミックな環境では、磁場も複雑に運動し、時に星間物質中の荷電粒子とぶつかります。磁場が荷電粒子の方向に移動してくると、荷電粒子は磁場を通過した際に、エネルギーが大きくなります（近づいてくる壁に跳ね返されて、壁の運動エネルギーをもらうのと同じような感じです）。これを繰り返すことで、宇宙線は非常に高いエネルギーまで加速されると考えられています。第5章に現在のかに星雲の写真を示しましたが［図5−2］、ここでは現在も、宇宙線が加速されていると考えられています。

超新星爆発は一例で、最新の観測によると、すべての銀河の中心にある巨大なブラックホールや、あるとき天体がγ線で非常に明るく輝く「γ線バースト」という現象でも、宇宙線が加速されているようです。

言い換えれば宇宙線研究が、超新星爆発やブラックホール、γ線バーストなど宇宙の高エネルギー現象を研究する新しい分野を切り開いたとも言えます。

●ニュートリノで調べる宇宙線の起源

それでは、いったい宇宙線がどこで生まれたかについては、どこまで分かっているのでしょう。

星々から来る光を望遠鏡などを使って観測すれば、その光を発している星の様子が観測できます。言葉を変えて言えば、光がどこから来たかを調べれば、その光を発した天体がどこにあり、どんな性質の恒星であるかが分かります。同じように、宇宙線がどの方向から来たかを調べれば、宇宙線を生んだ天体のことが分かるのでしょうか。

答えはNOです。宇宙空間には弱い磁場があります。宇宙線は陽子やその他の元素の原子核など荷電粒子です。したがって、宇宙空間を長い距離飛行する間に宇宙空間の磁場で曲げられてしまい、地球に飛来したときには、宇宙線はもともとの発生天体の方向とはまったく関係ない方向を向いています。そのため、飛来方向を測っても、宇宙線がどこで生まれたかはまったく分からないのです。

しかし方法はあります。宇宙線は電荷を持っているために、宇宙空間で進路が曲がってしまうのですから、ニュートリノのように電荷を持たない粒子を調べれば、もともとどの方向からやってきたかが分かるのではないでしょうか。宇宙線が加速される現場では、加速された宇宙線の一部は星

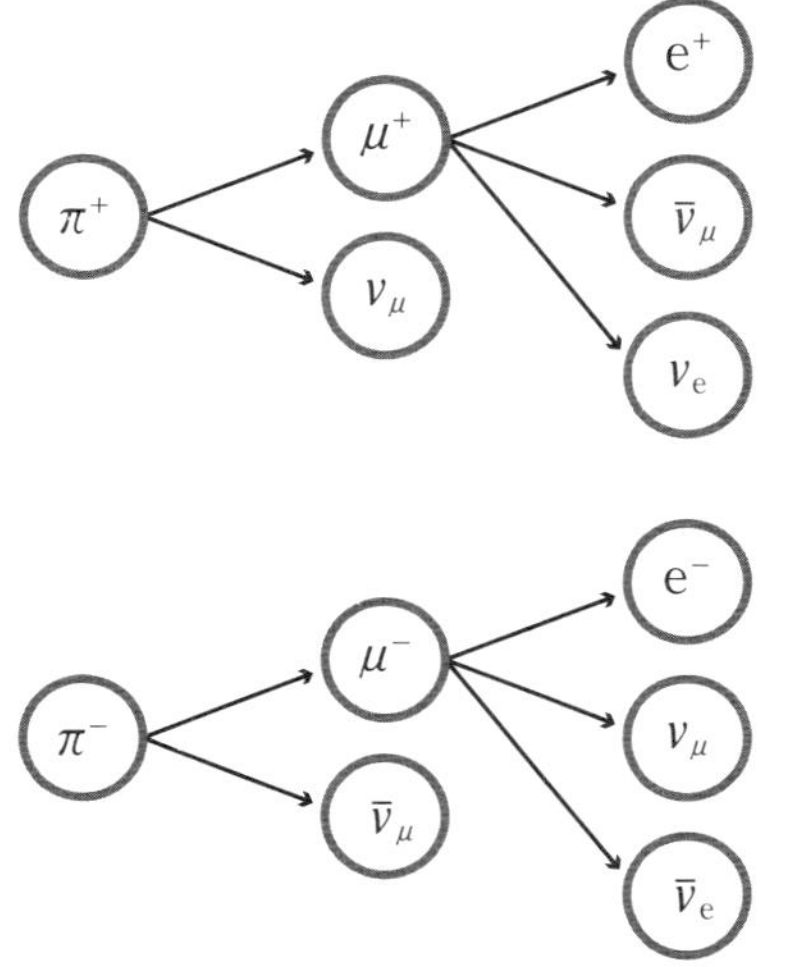

図7-1　宇宙線からつくられたπ中間子から、ニュートリノが生成される過程。

間物質と衝突するでしょう。すると第3章で書いたのと同じことが宇宙空間で起こり［図3－2］、ニュートリノがつくられているはずです。

これまでの説明に少し付け加えると、加速された宇宙線粒子は星間物質と衝突し、その結果π中間子などが大量に生まれます。もし、このπ中間子が正の電荷を持ったもの（π^+）であれば、宇宙空間を飛んでいる間に正の電荷を持つミューオン（μ^+）とμニュートリノ（ν_μ）に壊れます。さらに正の電荷を持つミューオン（μ^+）は陽電子（e^+）と反μニュートリノ（$\bar{\nu}_\mu$）と電子ニュートリノ（ν_e）に壊れます［図7－1上］。もしπ中間子の電荷が負（π^-）なら、電荷を逆にした粒子が生まれます。したがってμニュートリノ（ν_μ）や反電子ニュートリノ（ν_e）

が生成されるのです［図7－1下］。

こうしてつくられるニュートリノは、加速された宇宙線同様、エネルギーが高いはずです。そして、これらの高エネルギーのニュートリノを観測すれば、宇宙線がどこで生まれたかが分かるはずです。以下では、宇宙線の加速現場で生成されるニュートリノを「(高エネルギー) 宇宙ニュートリノ」と呼ぶことにします。

宇宙線からつくられたπ中間子の電荷がゼロ（π^0）だった場合には、二つのγ線に壊れます［図2－8左］。ですからこのような非常にエネルギーの高いγ線を観測しても、宇宙線の起源の研究ができます。すでに高エネルギー宇宙γ線の観測では、100を超えるγ線天体を発見し、γ線の発生メカニズムの解明など多くの成果があがっています。でも、γ線の観測も万能ではありません。π^0中間子が壊れたときのγ線だけが観測されるならば非常にありがたいのですが、同じ宇宙線の加速現場で加速された電子からも、γ線が放射されてしまいます。実際、高エネルギー宇宙γ線は、もともとの荷電粒子としては電子である場合が多いのです。宇宙線の主成分は陽子や原子核なので、これらの粒子が生成したπ^0中間子からのγ線を見たいのに、電子からのγ線がほとんどのようなのです。

このような理由から、高エネルギー宇宙ニュートリノを観測して、宇宙線の起源を探る研究の方法が模索されてきました。

●1立方キロメートルの水槽

さて、以上が根本的な考え方ですが、実際に観測するうえではいろいろと考えねばなりません。まず、高エネルギー宇宙ニュートリノを観測する際の邪魔者（バックグラウンド）は、宇宙線が地球大気に入射して生成する大気ニュートリノです（太陽ニュートリノはとてもエネルギーが低いので、間違える心配はありません）。

大気ニュートリノと宇宙ニュートリノは、どのようにしたら区別できるのでしょうか？

まず考えられるのは、たくさんのニュートリノ反応を集めて、ある特定の方向からばかりニュートリノが来ていないかを探す方法です。宇宙ニュートリノは超新星爆発などの加速現場でつくられるので、ある特定の方向から来るはずです。一方、大気ニュートリノは、どの方向からも来ます。

銀河系内で生まれた宇宙線は、少しずつ銀河系の外に抜けていき、その頻度はエネルギーが高いほど高いのです。つまり宇宙線が生まれたばかりのときは、地球上で観測されるときに比べて、高エネルギー成分が多かったはずです。そのため、宇宙ニュートリノは、生まれたばかりの宇宙線のエネルギー分布を反映して非常にエネルギーが高いニュートリノが観測されることが予想されます。

にもかかわらず高エネルギー宇宙ニュートリノは数が少ないため、観測しようとすると非常に大きな測定器が必要です（つまりニュートリノ反応を観測するために、途方もなくたくさんの物質を用意しなければならないのです）。スーパーカミオカンデでさえ小さすぎて、体積でスーパーカミオカンデの約2万倍の、おおよそ1立方キロメートルにもなる測定器が必要だと考えられてきました。これはものすごい大きさで、仮に装置が立方体だとすると、1辺が1キロメートルにもなります。こんな巨大な穴を掘って水槽をつくって測定器を入れるなんて、とても無理です。

しかし一方、エネルギーがすごく高いニュートリノ反応を調べるので、スーパーカミオカンデほど密に光電子増倍管を並べる必要はありません。そこで、早くから天然の水、すなわち海や湖を使う方法が考えられてきました。海や湖なら十分な量の水がありますから、いつも見張っていて、ごくたまにしかやってこない高エネルギー宇宙ニュートリノが、水の中で反応するのを観測しようというのです。１９７０年代にはアメリカのハワイ沖の底を巨大な測定器にする計画が立てられましたが、数百気圧にもなる海の底に光電子増倍管を沈めて信号を取り出し、安定的に運転するなど、当時としてはさまざまな技術的困難に直面し、結局１９９０年代に中止となってしまいました。

その後もヨーロッパやロシアでは、海や湖の水を利用して宇宙ニュートリノを観測するための開発を進めてきました。いまでは技術が確立して、本格的な実験が始まっています。しかし、海や湖をそのまま利用するとなると、水上で作業をしなければいけません。海や湖が荒れることもあります。また、海の底にもたくさんの生物がいますから、海底が静かな状態でなくなると、生物が発光して、観測の邪魔になったりもするようです。

結局、宇宙ニュートリノの観測を最初に行ったのは、別な発想に基づく実験でした。

●南極で始まった実験

南極の氷を測定器に使う方法は、１９９０年代に試験的な実験がなされ、実験技術として大丈夫との結果を得た後に、２００４年から本格的な建設が始まり、２０１１年に完成しました。

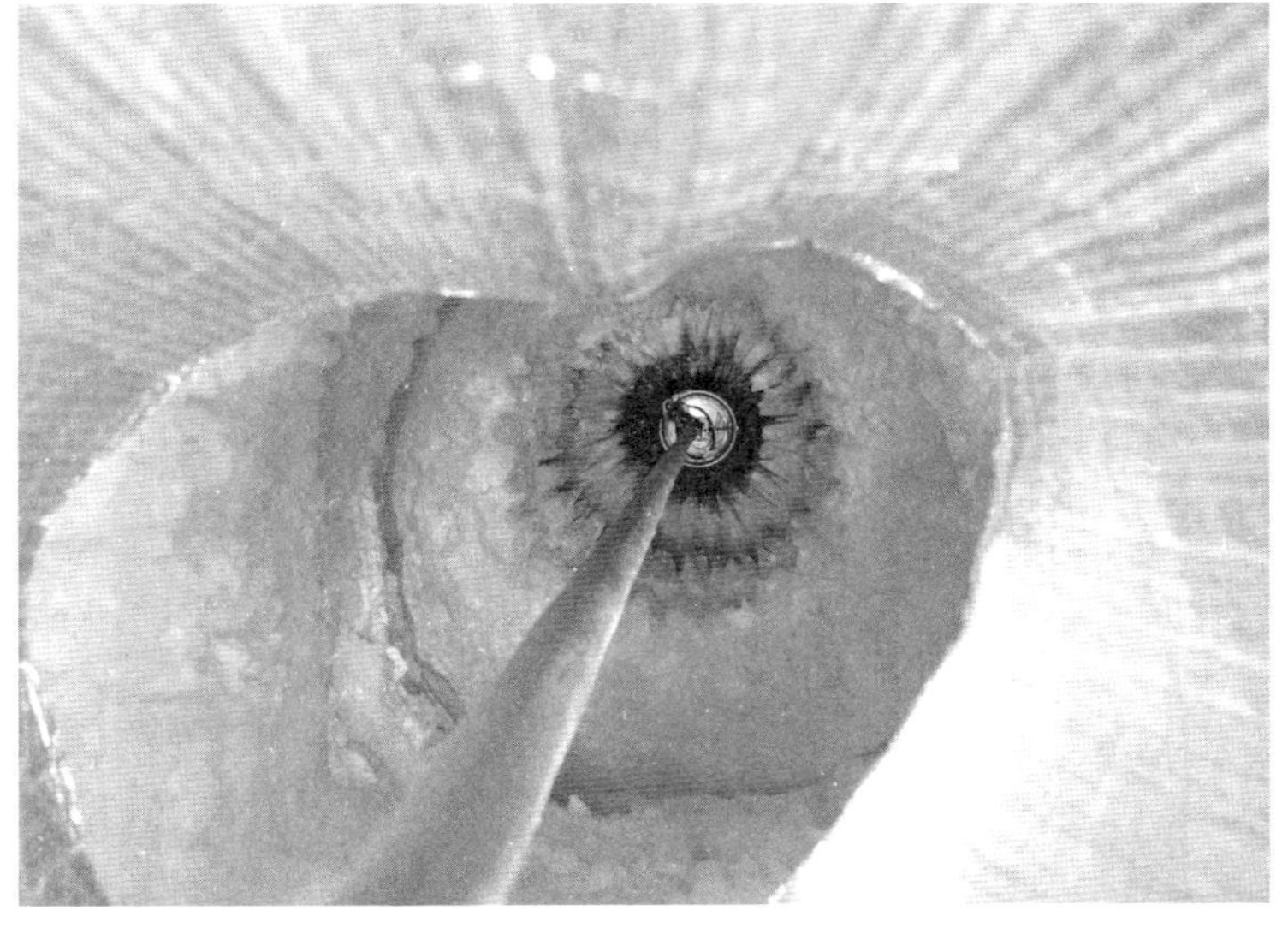

図7-2　球形の検出器を氷に開けた穴に下ろしているところ（©Jim Haugen, IceCube/NSF）。

実験装置は南極点の近くの深さ約3キロメートルにもなる氷河に、直径60センチメートル、深さ２４５０メートルの穴を86本開け、深さ１４５０メートルの地点にまで数珠つなぎにした球形の検出器（光電子増倍管）を埋め込み、その後またその穴を凍らせる、という手順で建設していきます［**図7－2**］。六角柱の装置の大きさは全体で約1立方キロメートルになり、「アイス・キューブ」と名づけられました。**図7－3**は、アイス・キューブ実験の装置の図と、装置が建設された場所の写真です。このように大きな装置なので、研究も多数の国の研究者が参加した国際共同研究になります。日本からも千葉大学の研究グループが参加しています。

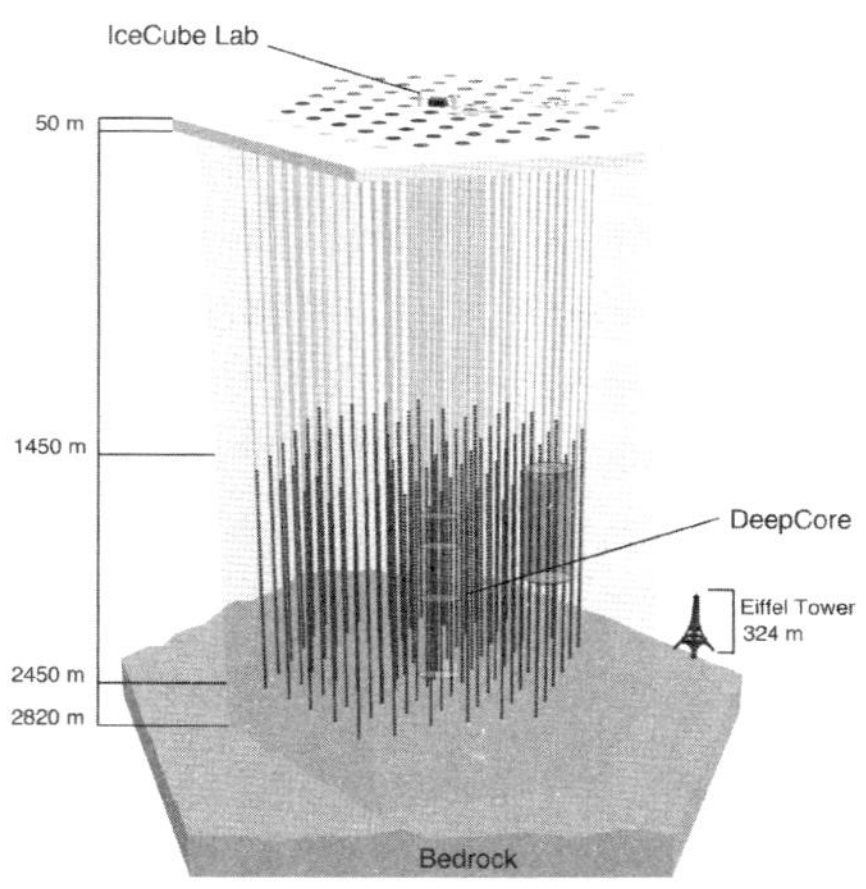

図7-3　上：アイス・キューブ実験装置。南極の氷河の深さ1450〜2450メートルの位置に検出器を設置して（図の下半分に、黒い筋であらわされている）、高エネルギー宇宙ニュートリノが氷と反応した結果生成された電子やミューオンが、氷の中で生成するチェレンコフ光を観測する。右下に小さく書き込んであるのは、高さ324メートルのエッフェル塔（©IceCube Collaboration）。下：アイス・キューブ実験は、南極点のすぐ近くで行われている。写真中に点在する黒っぽい点（書き込んだもので、実際のものではない）の下に測定器が設置してある（Composition by: Jamie Yang, WIPAC. Photo by: Haley Buffman, NSF）。

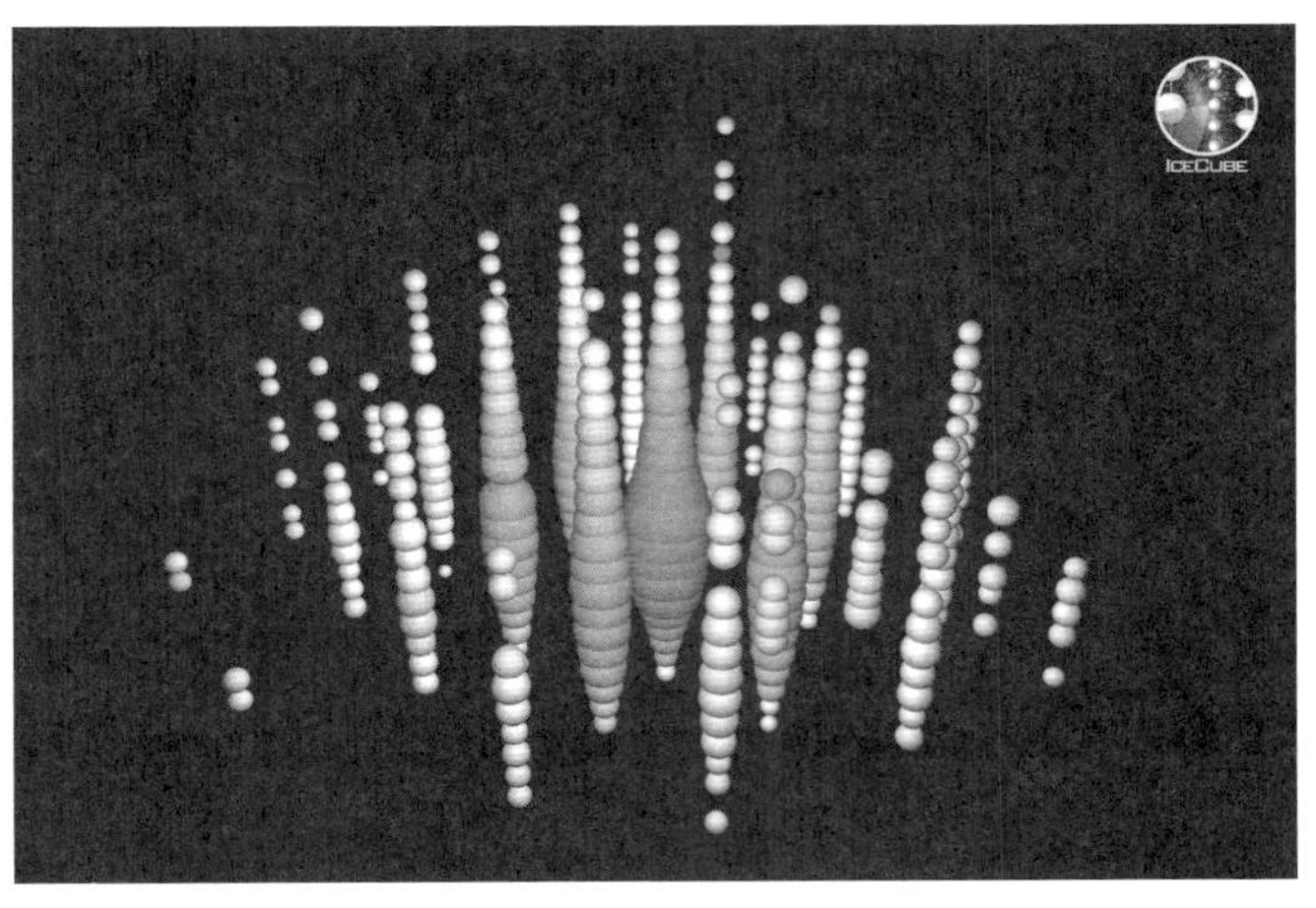

図7-4　アイス・キューブで最初に観測された高エネルギー電子ニュートリノの１例。おおよそ10^{15}電子ボルトのエネルギーが観測された。一つ一つの球が光を検出した光電子増倍管をあらわし、その大きさが光の強さ、色は光が到達した時間を示し、赤（中央の色の濃い部分）が早く、青（外側や先端部）が遅い。図中、球が数珠つなぎになっているのは、アイス・キューブでは、氷に縦穴をあけて、そこに数珠つなぎに光電子増倍管をおろしていったことによる。中央部分がいちばん光が強く、そのまわりで、距離が離れるとともに光が弱くなっていって、全体的に丸い形でニュートリノ事象が記録されている（©IceCube Collaboration）。

アイス・キューブでは建設中からデータをとりはじめ、さまざまな研究が進められました。そして２０１２年、重要なデータが得られました。図7－4に観測されたデータの１例を示します。このニュートリノ反応は、スーパーカミオカンデで通常解析している大気ニュートリノに比べて、約１００万倍のエネルギーを持つ電子ニュートリノが、測定器の内部の氷の原子核と反応したものと考えるとうまく説明できます。このような高いエ

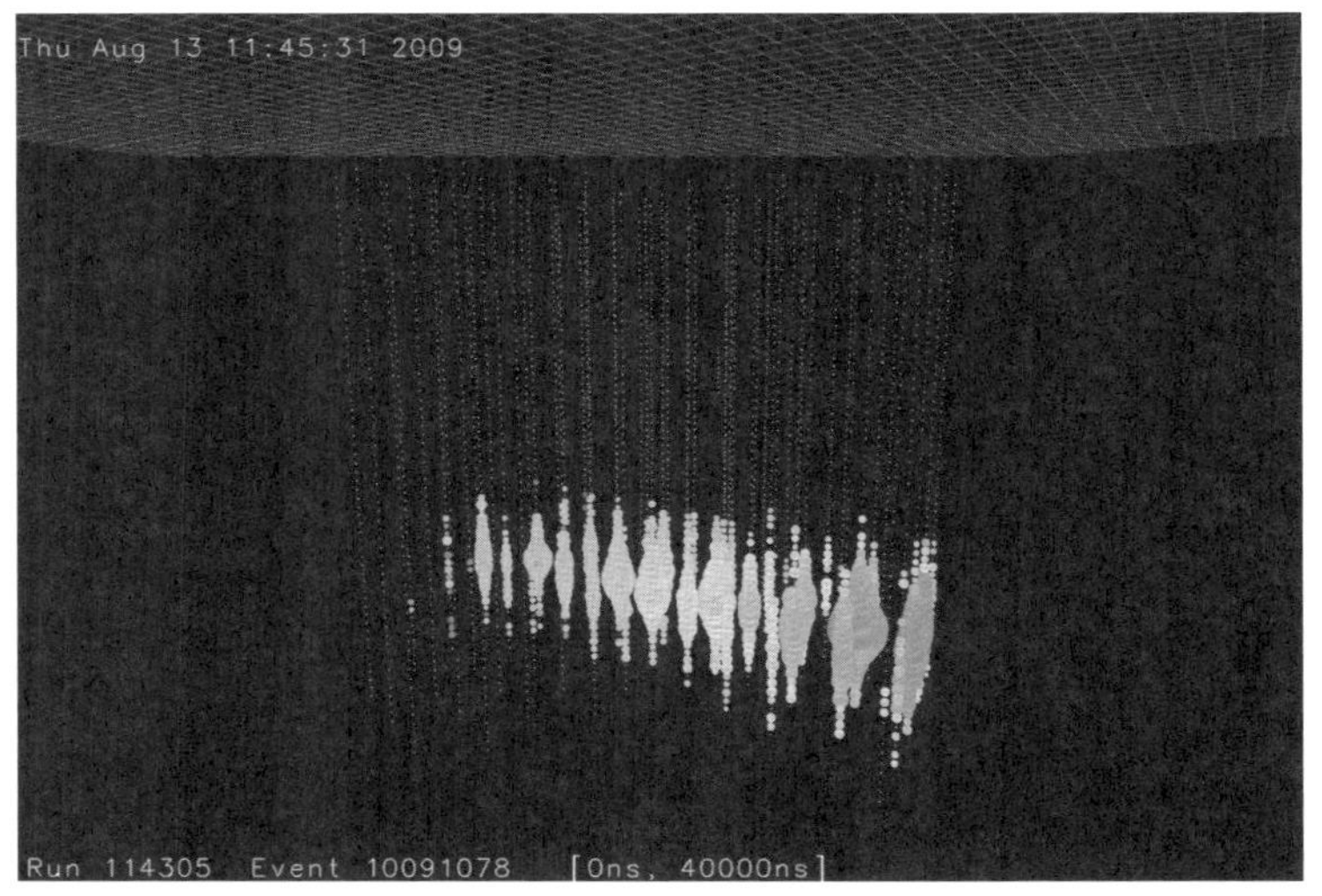

図7-5 アイス・キューブで観測された高エネルギーμニュートリノの1例。測定器の右端の色の濃い部分（カラーであらわされたデータでは赤）あたりから粒子が進入してきて、測定器左端の色の薄い丸（カラーであらわされたデータでは緑）のあたりから抜けていった。非常に高エネルギーのミューオンが1辺約1キロメートルの測定器を横切ったことが示されている（©IceCube Collaboration）。

ネルギーのニュートリノが2例見つかったのですが、こんなにエネルギーの高い大気ニュートリノは、ほとんど予想されません。この時点で、おそらく高エネルギー宇宙ニュートリノが観測されたのだろうと、結論されました。

その後、アイス・キューブ実験グループではさらにいろいろな観点でより多くのデータを解析して研究を進め、現在では高エネルギー宇宙ニュートリノが観測されたことは間違いないと結論されています。この最初の2例のニュートリノの発見で中心的な役割を担ったのは、千葉大学のグループでした。

このようにして、長年待ち望まれた高エネルギー宇宙ニュートリノの観測が、ついに始まりました。でも、図7－4に示したニュートリノ反応を見ても全体的に丸いだけで、どちらに電子が飛び出たのか分からず、どこからニュートリノが飛んできたのかは、あまりはっきりしません（コンピュータで精密に解析して、ニュートリノが飛んできただいたいの方向が分かります）。もともとは、宇宙線がどこで生まれているかを知るのが目的の一つでしたが、図7－4のような事象ばかりでは、どこからニュートリノが飛んできたかを正確に知るのは、なかなかむずかしそうです。

一方、図7－5に示したのが、高エネルギーのμニュートリノの事象です。μニュートリノの反応でつくられた高エネルギーのミューオンは、氷1キロメートルを突き抜けていき、またその進んだ方向がはっきり分かるので、これらの事象を使えば、近いうちに宇宙線を生み出している天体が突き止められるかもしれません。

いままさに、高エネルギー宇宙ニュートリノ天文学が始まろうとしています。この研究は、発見以来100年たってもまだ謎が多い宇宙線と宇宙の高エネルギー現象の解明に向けて、大きな一歩になると思います。期待しましょう。

第8章　太陽ニュートリノ問題の解決

第4章の末尾を思い出してください。観測される太陽ニュートリノの数が理論値を下回っているのは、「なにかニュートリノの性質と関係しているのではないか」「この問題が決着するには、次世代の太陽ニュートリノ観測実験の精密データが必要」という、1980年代終わり頃の状況が述べてあります。この章では、それがどのように決着したかを説明します。

1985年に、真空中のニュートリノ振動と物質中のニュートリノ振動は同じではないという革命的な理論が発表され、それまでなかなか真剣に検討されなかった「太陽ニュートリノの観測が少ないのはニュートリノ振動のためではないか」という可能性への研究者の関心は、飛躍的に高まりました。そしていくつかの精密な実験によって、太陽ニュートリノでも振動が起こっていることが確認されたのです。

●ニュートリノ振動理論の革命

1985年頃、ニュートリノ振動の理論で大きなブレークスルーがありました。

ニュートリノは物質との相互作用が非常に弱い粒子です。やすやすと地球を突き抜けていくことは、何度か書いたとおりです。ニュートリノは、地球のような物質中でも宇宙空間のような真空中でも、同じように通過していく。かつては研究者もそう考えていました。ところが、ニュートリノ振動が起きていて、かつそれに電子ニュートリノが関係している場合には、「同じように」というわけにはいかないことが分かったのです。

特に太陽中心部の核融合で生成された電子ニュートリノが太陽の表面に到達するまでに、劇的なことが起こります。もし、電子ニュートリノが太陽の中心から表面まで移動するのと真空中を移動するのが本当に同じで、振動しながら太陽の表面に到達したとき、もともとの電子ニュートリノのままである割合は、いちばん振動の効果が大きい場合、すなわち混合角が45度の場合、半分です（簡単のために、2種類ニュートリノ間のニュートリノ振動を考えました。それから念のためですが、ここでは太陽ニュートリノは太陽中心付近のいろいろな場所で生まれると仮定しました。そのため、ニュートリノが太陽の表面に出るまでに飛ぶ距離もいろいろです。「半分」というのは、これらのニュートリノのニュートリノ振動確率の平均ということです）。しかし1985年当時の理論では、クォークの混合角からの類推で、ニュートリノの混合角θも小さいと考えられていましたから、仮にニュートリノ振動があったとしても、多くは電子ニュートリノとして残ると思われていました。

ところが、物質中を通過することをきちんと考えに入れると、たとえ混合角θが小さくてもうまく条件がそろえば、太陽表面にたどり着くまでに、ほとんど別なニュートリノになってしまうという論文が、ソヴィエト連邦（当時）のスタニスラフ・ミケーエフとアレクセイ・スミルノフという2人の研究者によって発表されました。理論的な発見ですが、著者の1人のミケーエフは実験が専門の研究者です。

このようなことが起こるのは、電子ニュートリノのみかけの質量が物質の密度に応じて大きくなったり小さくなったりするためです。こんなことを書いて「そうか！」と納得する読者はいないと思いますが、ご勘弁ください。そのうえで、どのようなことが起こるかを考えてみます。

●物質中でのニュートリノのふるまい

電子ニュートリノは物質中で、他のニュートリノよりみかけの質量（以下、単に「質量」と書きます）が大きく変化します。そこで、μニュートリノの質量は一定として、電子ニュートリノの質量がどのように変化するかを図で示しましょう［図8－1］。横軸が物質の密度で、縦軸が電子ニュートリノ（ν_e）の質量、横軸に平行にグラフを横切る線はμニュートリノ（ν_μ）の質量をあらわしています。ニュートリノが生まれる太陽の中心は、この図のいちばん右側です。高密度の太陽中心では電子ニュートリノ（ν_e）は重くなっていて、質量は右上がりの太い線上の右上のあたりです。太陽の表面に向かうにつれて周囲の物質の密度が下がるので、電子ニュートリノ（ν_e）は太線

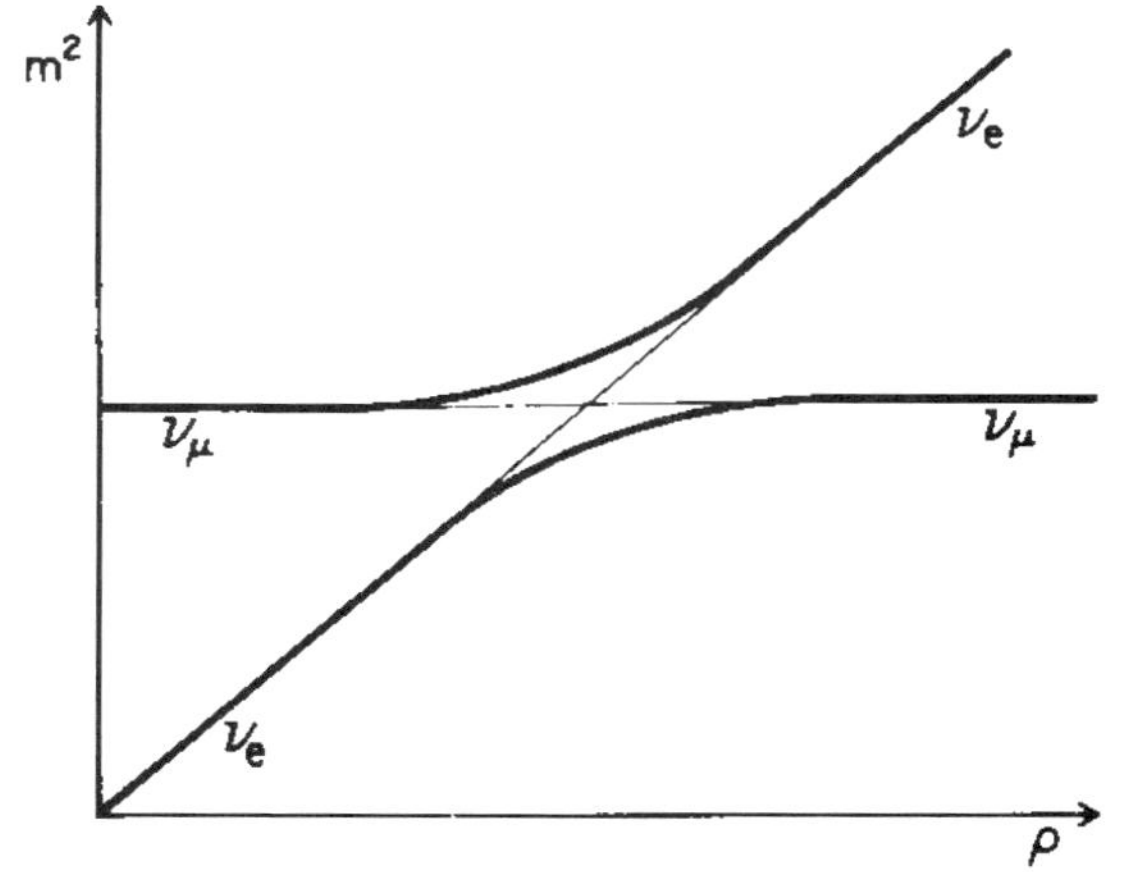

図8-1　密度ρ中でのニュートリノの質量の２乗の変化。ニュートリノの質量の２乗は密度ρとともに直線的に変化している。H. Bethe, *Physical Review Letters*, 56, 1305（1986）より転載。

に沿って、図中の左方向に移動していきます。すると あるところで、電子ニュートリノ（ν_e）とμニュートリノ（ν_μ）の質量が同じになります。

ここでおもしろいことが起こります。図の右上から太線に沿って、いわば滑り落ちてきた電子ニュートリノ（ν_e）は、ここで落ちるのをやめて図中の水平な線に沿って進み、左側の太陽表面に到達したときには、いつの間にかμニュートリノ（ν_μ）に変化しています。最初電子ニュートリノ（ν_e）だったものが、太陽の表面に到達したときには、物質中のニュートリノ振動によってμニュートリノ（ν_μ）に転移しているのです。ちなみに**図8-1**は、星のエネルギー生成が核融合であることを明らかにし、現在の標準太陽モデルの基礎を築いたハンス・ベーテが、このことを知って感激して書いたとされる論文から引用したものです。このとき、ベーテは80歳間近でした。

ミケーエフとスミルノフによるこの発見は、研究者の雰囲気に非常に大きなインパクトを与えました。観測された太陽ニュートリノの数が標準太陽モデルより少ないことを、真空中でのニュートリノ振動で説明するためには、いくつかの非常に都合のよい仮定をしなければなりませんでした。したがって、ニュートリノ振動で太陽ニュートリノ問題を説明しようという試みは、真剣には考えられていませんでした。しかし、物質中でのニュートリノ振動の理論は、そんな特別な仮定をしなくても観測データを説明でき、さらに当時のニュートリノ間の混合は小さくあるべしという考えとも矛盾しないものでした。

多くの素粒子物理学者はそれまで、太陽ニュートリノ問題が生じるのは標準太陽モデルが間違っているせいかもしれないと疑っていました（多くの天体物理学者は、観測が間違っているかもしれないと考えていました）。しかしこの理論のために、モデルや実験結果を疑うだけでなく、太陽ニュートリノ問題の解決に真剣に取り組むようになったのです。

●「pp太陽ニュートリノ」を観測する

すでに第4章で述べたように、1990年代以前、太陽ニュートリノを観測する実験は二つありました。レイモンド・デイヴィスの実験と、カミオカンデです。デイヴィスの実験で観測されたニュートリノは標準太陽モデルの予想の3分の1、カミオカンデでは半分程度でした。

太陽中心部の核融合は、四つの水素原子核（陽子）をもとにヘリウム原子核をつくる反応ですが、実際には、ヘリウムがつくられるまでにいくつもの原子核反応があり、それぞれの過程でエネルギーの異なる電子ニュートリノが放出されます［陽子・陽子連鎖核融合反応。図4－1］。

第4章で述べたように［図4－2］二つの実験が主に観測したのは、「^{8}B」という、一連の原子核反応中でも最後の部分の反応で、その反応が起こる割合が非常に少ないニュートリノでした。この反応でつくられるニュートリノは、太陽ニュートリノの中ではもっともエネルギーが高いものです。このエネルギーが割合高いため、これらの実験で観測ができたのです。多くの研究者が、太陽ニュートリノ問題は標準太陽モデルが間違っているからではないかと疑っていたのは、このニュートリノがどれだけ生まれるかは、標準太陽モデルの誤差が大きいと考えられていたためです。

観測が間違っているのか理論が間違っているのか、もっと確実に確かめる実験は考えられないのでしょうか。

太陽中心の核融合はまず、二つの陽子から重水素と陽電子と電子ニュートリノがつくられる反応（$p + p \rightarrow {}^{2}H + e^{+} + \nu_e$）で始まります。図4－1に示したように、この反応の後ヘリウム（^{4}He）ができるまで反応は続きますが、最初の反応があってはじめて、引き続く反応が起こるので、基本的にこの反応が太陽の核融合の量を決めています。また太陽が放射する熱の量も正確に分かっています。そのため、このときに放出されるエネルギーの低い電子ニュートリノ（pp太陽ニュートリノ）の理論値は、おおよそ1％の精度で求めることができます。つまり標準太陽モデルへの疑惑に答えるためには、この最初につくられるpp太陽ニュートリノを観測して、理論値と比較すればよいのです。もしニュートリノ振動がなければ、観測値と理論値はよく合うはずです。ちなみに、どのくらいの数のpp太陽ニュートリノがこの地球上に降ってくるかというと、昼でも夜でも1平方センチメートルあたり毎秒600億個という、ものすごい数です。

これだけ降ってくるなら観測は簡単そうに思えますが、とんでもありません。エネルギーの低いpp太陽ニュートリノを捕まえるためには、ニュートリノがある原子核と反応して別な原子核と電子になる反応を観測する必要があります。デイヴィスの実験と同じ原理です。この方法が、エネルギーの低いニュートリノを捕まえるのにもっとも適しているからです。とはいえ、ほとんどの原子核では反応が起こるための最低エネルギー（反応の「閾値（しきいち）」）がpp太陽ニュートリノの最高エネルギーより高く、反応が起きません。都合のよい原子核を探す必要があります。しかし、このような原子核はほんの数種しかありません。

●ガリウムを使った実験

その数少ない原子核の一つがガリウムです。ガリウムを使えばpp太陽ニュートリノの観測ができるということは1965年、ソヴィエト連邦（当時）のヴァディム・クズミンによって指摘されていました。「電子ニュートリノ＋ガリウム→電子＋ゲルマニウム」という反応で生成されたゲルマニウム原子の数を計測するのです。デイヴィスの実験は、塩素原子核中の中性子がニュートリノと反応して、電子を放出して陽子に変わり、その結果塩素は原子番号が一つ大きいアルゴンに変わる、というものでした。ガリウムを使った反応では同じ原理で、ガリウムは原子番号の一つ大きいゲルマニウムに変わります。この反応の閾値はたいへん低く、pp太陽ニュートリノが観測できる

図8-2 ロシアで行われたSAGE実験。中央に見える８基の容器に、合計約60トンのガリウムが入っている。2002年のニュートリノ国際会議（ミュンヘン）での、SAGE実験グループ V. N. Gavrin氏（Institute of Nuclear Research, Russian Academy of Sciences）の報告より転載。

のです。

ただ、大きな違いは、塩素の反応では、ニュートリノ反応の結果生まれる原子がアルゴンという気体なのに対して、ガリウムでは固体のゲルマニウムです。気体であるアルゴンは塩素化合物のタンクから割合簡単に取り出せますが、ゲルマニウムの場合は一筋縄ではいきません。また、ガリウムは非常に貴重な金属です（青色LEDの材料に窒化ガリウムが使われて、有名になりました）。これらのむずかしさもあって、ガリウムの実験は、塩素の実験から20年以上たってから実現しました。

ガリウムを使って太陽ニュートリノを捕らえる実験は１９９０年代のはじめに、ロシア（SAGE実験）とイタリア（Gallex 実験）で開始されました。**図８－２**と**図８－３**にこれらの実験の写真を示します。多くの研究者が、この実験で太陽ニュートリノ問題が決着すると思って

図8-3　イタリアで行われたGallex 実験。写真中の壁のような長方形の構造物の中に、図のようなタンクがあり、ガリウム化合物（$GaCl_3$）が入っている。写真は©Max-Planck-Gesellschaft. 図はマックス・プランク核物理研究所ホームページ「Earlier Neutrino Physics Projects at MPIK」より転載。

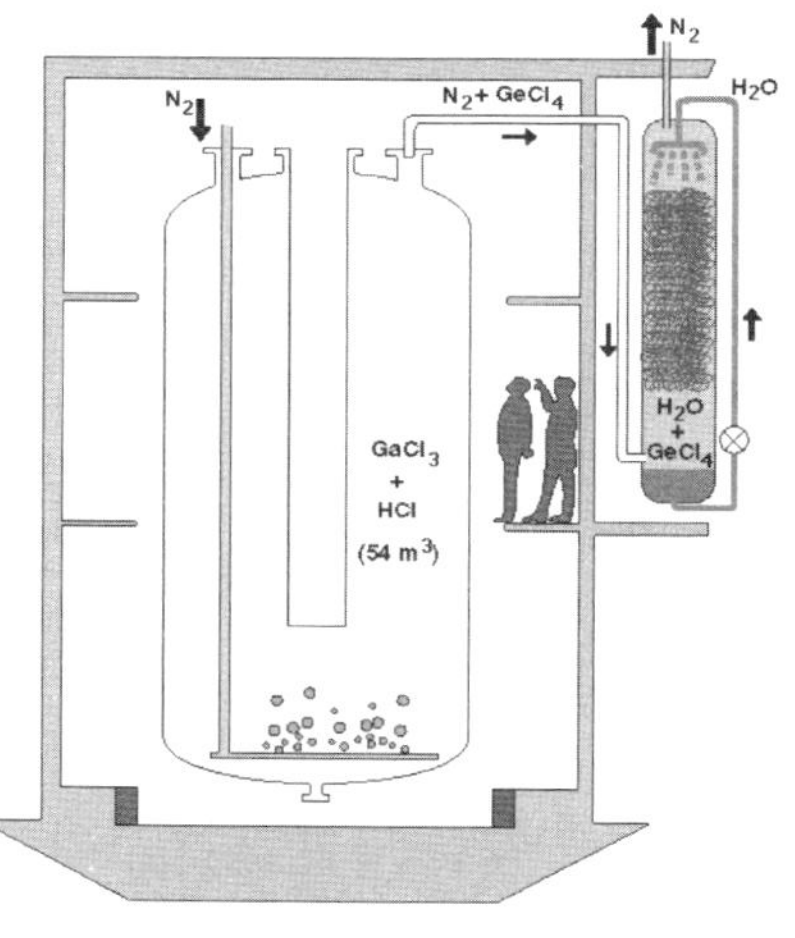

いました。しかし、結果は皮肉にも、誰もが納得する明確な結論を得るには中途半端でした。

ガリウムを使った実験では、観測されるニュートリノ反応の約半分はpp太陽ニュートリノです。pp太陽ニュートリノの理論値の誤差が約1%と小さいことは前にも書きました。しかし残りの半分のニュートリノ反応は、もっとエネルギーが高い、他の過程で生成される太陽ニュートリノによるものです。これらのニュートリノは理論計算がむずかしく、精度が悪くなってしまいます。

したがって、ガリウムを使った実験で観測された太陽ニュートリノが理論値の半分以下であれば、理論計算が信頼できるpp太陽ニュートリノさえも、予想どおりの数が観測されていないということです。間違いなくニュートリノ振動が原因でニュートリノが減っていたと結論づけることができると、研究者たちは考えていました。

一方、観測された太陽ニュートリノが理論値の半分より大きい場合には、もしかしたら精度よく計算できるpp太陽ニュートリノは理論値のとおりに観測され、その他のニュートリノは理論計算が大きく間違っているために観測結果が理論の予想より少ないと考えることができます。

そして、観測されたニュートリノ数は理論予想の50%より少し大きい値だったのです！　ということで、おおかたの期待を裏切って、太陽ニュートリノ問題は、1990年代のガリウムを用いた実験では誰もが納得するようなかたちでニュートリノ振動の結果とは決着しませんでした。もちろん、ニュートリノ振動はこの時点では、太陽ニュートリノ問題を解決する非常に有力な候補でしたが。

●SNO——重水を使った実験

太陽ニュートリノ問題の最終的な解決のためには、三つの精密実験が必要でした。一つはスーパーカミオカンデでの太陽ニュートリノ観測、もう一つはカナダのSNOと呼ばれる実験でした。両実験とも理論の誤差の大きい、エネルギーの割合高い^{8}B太陽ニュートリノ［図4−2］を観測したのですが、理論の誤差が大きくても大丈夫な実験方法がとられたのです。

SNO実験はスーパーカミオカンデと同じ水チェレンコフ実験ですが、水の代わりに重水を用いました。重水とは、水分子中にある水素原子2個、酸素原子1個のうちの水素の原子核（陽子）を2個とも重水素原子核（陽子＋中性子）で置き換えたものです。自然界には、ふつうの水に混ざってほんのわずかしか存在しません。水から精製していく必要があり、非常に高価です。

重水を使った実験では、重水素原子核中に中性子があることを利用して、ふつうの水を使った場合には観測できない反応が観測できます。特に飛来する電子ニュートリノの数と、電子ニュートリノ・μニュートリノ・τニュートリノを合わせた全ニュートリノの数を、それぞれ求めることができるのです。

まず電子ニュートリノの数は、電子ニュートリノと重水素との反応「電子ニュートリノ＋重水素→電子＋陽子＋陽子（$\nu_e + {}^2H \rightarrow e^- + p + p$）」でつくられる電子のチェレンコフ光を観測して調べられます。これは電子ニュートリノだけで起こる反応です。一方すべての種類のニュートリノの数は「ニュートリノ＋重水素→ニュートリノ＋陽子＋中性子（$\nu + {}^2H \rightarrow \nu + p + n$）」の反応で調べることができます。この反応の結果出てくるニュートリノ、それから低エネルギーの陽子は速度が遅いし、

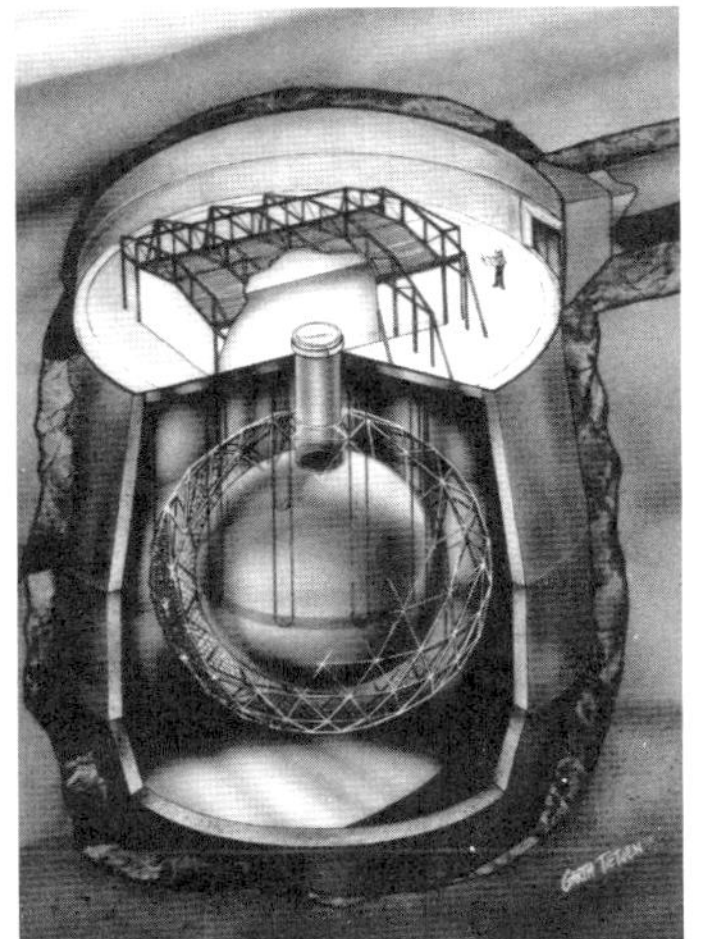

図8-4　SNO実験のスケッチ（左）と、建設時に撮られた写真（上）。球形のフラスコのような容器の中に1000トンの重水が入れられ、そこで発せられるチェレンコフ光を、まわりを取り囲む光電子増倍管で観測する。写真はフラスコのまわりに光電子増倍管を取りつけている途中の様子（Photo courtesy of SNO）。

また中性子はそもそも電荷を持っていないので、いずれもチェレンコフ光を放出せず、直接の観測はできないのですが、うまい工夫をすることで、中性子を検出することができます。

もし太陽中で生まれた電子ニュートリノが、ニュートリノ振動によって別のニュートリノに転移したとすると、全種類のニュートリノの数の合計は理論計算どおりだけれども、電子ニュートリノ数は計算より少ない、という結果が得られるはずです。このことに最初に気づいたのはハーバート・チェンで、1985年のことでした。残念ながらチェンは若くして亡くなってしまいましたが、このアイデアに賛同した研究者がSNO実験を計画し、14年後の1999年に実験が開始されたのです。なお、この実験はカナダ政府の全面的な支援を受け、カナダ政府から高価な重水1000トンを借りて行われました。図8-4がSNO実験のスケッチと写真です。

2002年に発表されたSNO実験の太陽ニュートリノの観測結果は、予想どおりとなりました。全ニュートリノ数の合計は理論の予想どおりでしたが、電子ニュートリノの数は理論の約3分の1でした。これまでの他の太陽ニュートリノの観測実験は、大ざっぱに言えば、電子ニュートリノだけに感度がある実験でした。したがって太陽ニュートリノが減っていることは分かっても、その原因は突き止められませんでした。この実験ではじめて、太陽ニュートリノ問題はニュートリノ振動の効果によって起こっていることが実証されたのです。

●スーパーカミオカンデの貢献

では、太陽ニュートリノ観測でのスーパーカミオカンデの役割はなんでしょうか？

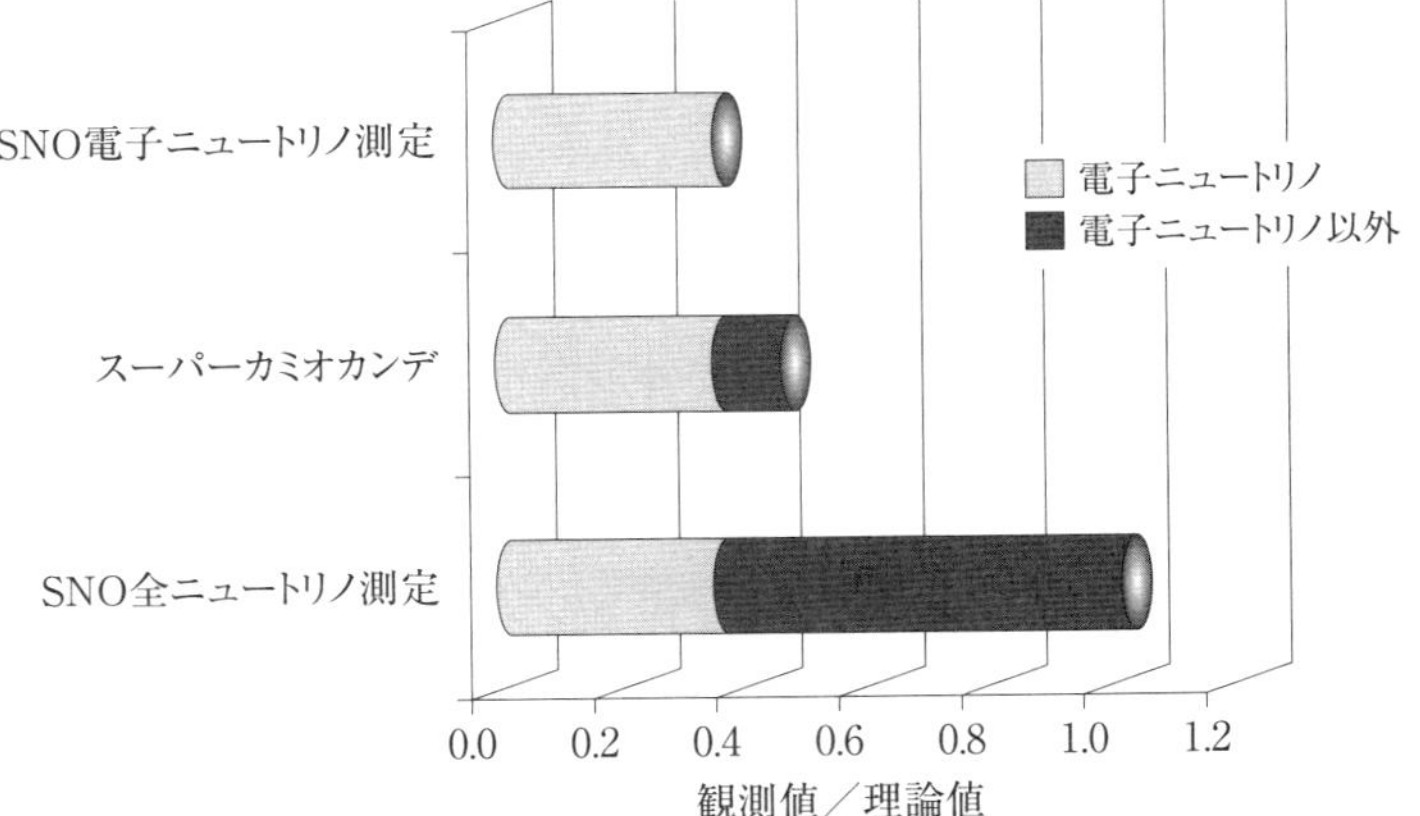

図8-5　2002年の時点での SNO 実験とスーパーカミオカンデ実験の太陽ニュートリノ測定のまとめ。簡単のために実験の誤差は記載してない。SNO 実験の全ニュートリノの測定では、観測は理論とよく一致しており、一方、電子ニュートリノの測定結果は理論の約３分の１。また、スーパーカミオカンデでは理論値の約46％の頻度で太陽ニュートリノが観測された。これらの結果はニュートリノ振動で見事に説明された。

スーパーカミオカンデが観測できる太陽ニュートリノ反応は、ニュートリノが水中の電子と衝突して電子をはじき出すものです。この反応をニュートリノと電子との「弾性散乱」と呼ぶことは、第３章で述べました［図３－11］。散乱の割合は電子ニュートリノがいちばん大きく、μニュートリノやτニュートリノも、電子ニュートリノと比べると6分の1くらいと割合は小さいのですが、散乱します。仮に、測定器に1兆個の電子ニュートリノと1兆個のμニュートリノやτニュートリノが入射したとし、それらの電子ニュートリノのうち、6個が弾性散乱するとしましょう。μニュートリノやτニュートリノの場合、弾性散乱をするのは1兆個のうち1個ということになります。スーパーカミオカンデで観測されたニュートリノの数は、理論の半分より少し少ない値でした。これはSNOの実験結果と合わせてうまく説明できます。

こう考えてください。SNO実験で観測された電子ニュートリノの数は、予想の約3分の1でした。予想された電子ニュートリノ数から観測されたニュートリノ数を引いた残り、つまり、予想の3分の2は、μニュートリノとτニュートリノに転移したと考えられます。この結果と弾性散乱の割合を考して計算すると、スーパーカミオカンデでは、「1/3（電子ニュートリノ数）+2/3（μニュートリノ数+τニュートリノ数）×1/6（弾性散乱の割合）＝4/9≒0.44」と、理論の約44％の太陽ニュートリノが観測されるはずです。まさにスーパーカミオカンデの結果と一致していて、物質中のニュートリノ振動の結論を確かなものにしています。

図8－5を見てください。ここまで、理解しやすいように多少時系列を無視して説明してきましたが、歴史的に正確なことを言うと、SNOの実験結果はまず2001年に、電子ニュートリノの数が理論値の約3分の1であることが発表されました。その結果は、スーパーカミオカンデですでに観測されていたニュートリノと電子の散乱の精密測定の結果（半分弱、2001年）とずれています。この「ずれ」は、もともと電子ニュートリノとして生成された太陽ニュートリノが、振動の結果別の種類に転移していることを意味しています。こうして、太陽ニュートリノ問題がニュートリノ振動によることの最初の直接的な結論が得られたのです。

●カムランド——原子炉とニュートリノ振動

三つ目の重要な精密実験は、カミオカンデが使命を終えた後、その場所に新たに建設された実験装置カムランドです。1950年代にニュートリノを発見したライネスとコーワンの装置を巨大にしたようなもので、1000トンの「液体シンチレータ」を使っています。実験は2002年に始まりました。

カムランドは太陽ニュートリノを観測する装置ではなく、日本中の原子炉から放出されている反電子ニュートリノを測定しました。神岡は、平均180キロメートルのところにたくさんの原子炉が立地している、原子炉ニュートリノ実験に適した土地なのです。

この実験では、反電子ニュートリノが陽子と反応して出てきた陽電子（など）を、「シンチレーション光」の測定によって捕らえます。実験を提案した鈴木厚人東北大学教授（当時、現在は岩手県立大学学長）は、太陽ニュートリノ問題がニュートリノ振動の効果によるものだとすると、場合によっては原子炉ニュートリノを使って調べることができる、というアイデアを持っていました。

地球太陽間の距離は1・5億キロメートル。それに比べて、日本国内の原子炉とカムランド間の距離は平均180キロメートルです。このような実験で太陽ニュートリノの観測に匹敵する研究ができるのだろうかと、不思議に思われる読者もいるかと思います（もしこのことに気づけば上級者です）が、これが可能なのです。それに気づいてカムランド実験を提唱した鈴木先生の先見性は、素晴らしいと思います。

太陽ニュートリノ問題が物質の効果を考えたニュートリノ振動で解決されるとすると、これまで

図8-6　カムランド実験のイメージ図（上）と、実験装置の内部（右）。薄いバルーンがワイヤーで支えられているのが見える。バルーンの中に「液体シンチレータ」1000トンが入る。液体シンチレータ中でニュートリノ反応の結果放出された「シンチレーション光」を受ける、多数の光電子増倍管もわずかに見える（ともに東北大学ニュートリノ科学研究センター提供）。

に行われた塩素実験、カミオカンデ実験、ガリウム実験の太陽ニュートリノ欠損の全データを説明できるニュートリノの質量と混合角の組み合わせは、4個の別々な領域に限られます。このことは1990年代に分かっていました。そのうち、それまでの太陽ニュートリノのデータから考えてもっとも可能性が高そうなものが2個あり、そのうちの一つの場合には、180キロメートル足らずの原子炉ニュートリノ実験で十分確認できるのです。鈴木先生が着目したのはこの点でした。

カミオカンデの地下空洞はカムランドには少し小さすぎたため、カミオカンデの水槽を解体した後、まず空洞を掘り下げました。その中に直径18メートルのステンレス製の球形のタンクをつくって全表面に光電子増倍管を配置し、さらにその中に1000トンの液体シンチレータを入れるバルーンが入れてあります［図8−6］。

180キロメートルも離れると、いくらたくさんの反ニュートリノが原子炉から放出されるとしても、観測できる反応の数は限られます。バックグラウンドがあってはニュートリノの観測はできません。そのためこの装置では、カミオカンデが太陽ニュートリノの観測に向けて大改造したときの経験などにも基づいて（鈴木先生はカミオカンデやスーパーカミオカンデ実験にも参加していました）、測定器中から自然放射線を除去する技術が使われました。原子炉ニュートリノのエネルギーも自然放射線と同じ程度なので、それらを除かないといけないのです。その結果、バックグラウンドのほとんどないきれいな原子炉ニュートリノのデータをとることができました。

そしてカムランドは、ニュートリノ振動によって反電子ニュートリノが減っていることを見事に証明しました［図8−7］。予想に比べると明らかに観測数が少なく、また、その少なさがエネルギ

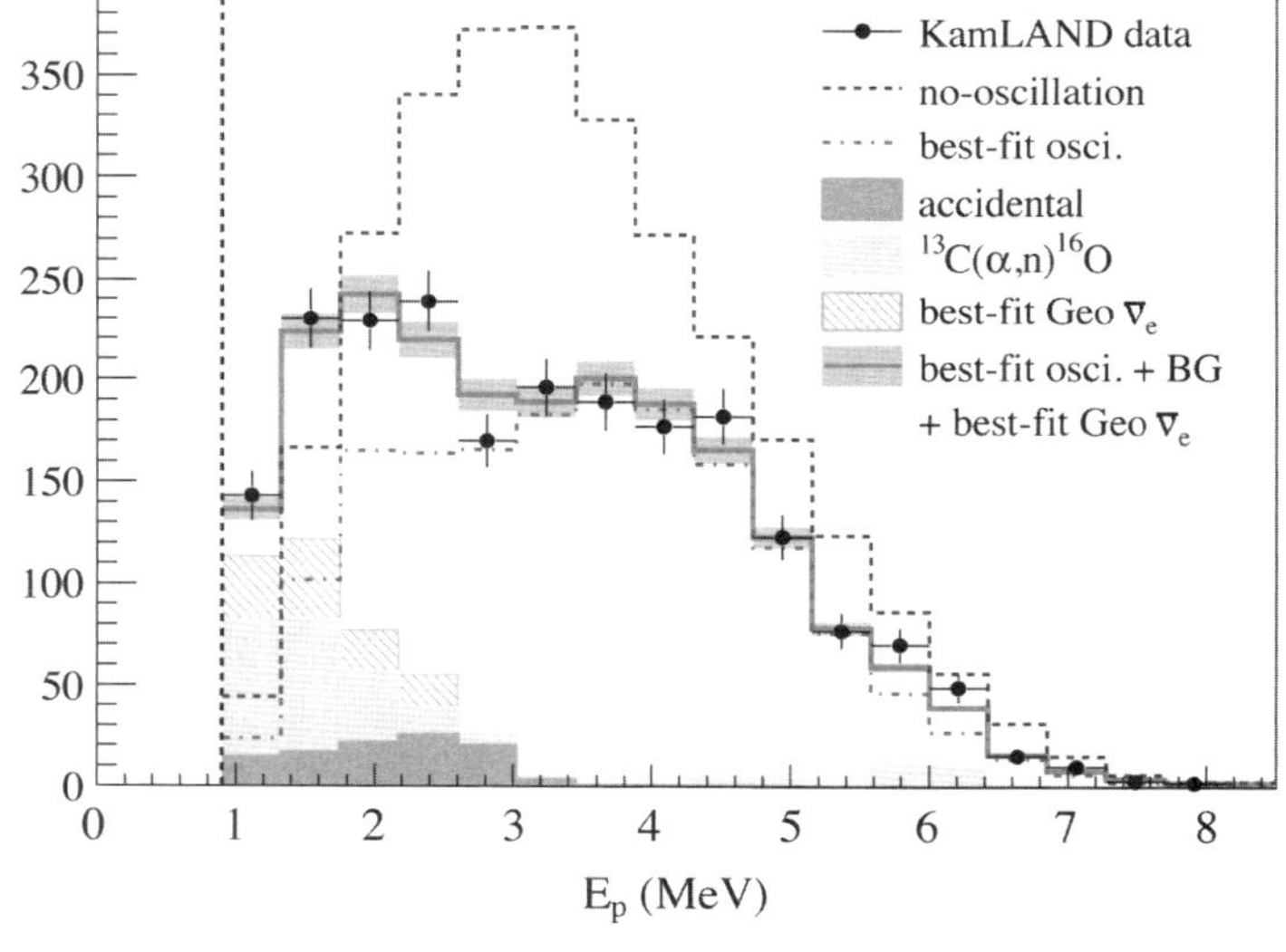

図8-7　カムランド実験で観測された、日本中の原子炉でつくられた反電子ニュートリノのエネルギースペクトル（2011年）。横軸は反電子ニュートリノ反応の結果生成された陽電子の測定されたエネルギー、縦軸はニュートリノの数。黒の点線がニュートリノ振動なしの予想スペクトル。誤差棒付の黒点がデータ。淡い色の実線であらわされたヒストグラム（階段状の部分）がニュートリノ振動を考慮し、原子炉ニュートリノ以外の寄与も考慮したエネルギースペクトルの予想で、データはこの予想によく合う。The KamLAND Collaboration, *Physical Review Letters*, D83, 052002（2011）より転載。

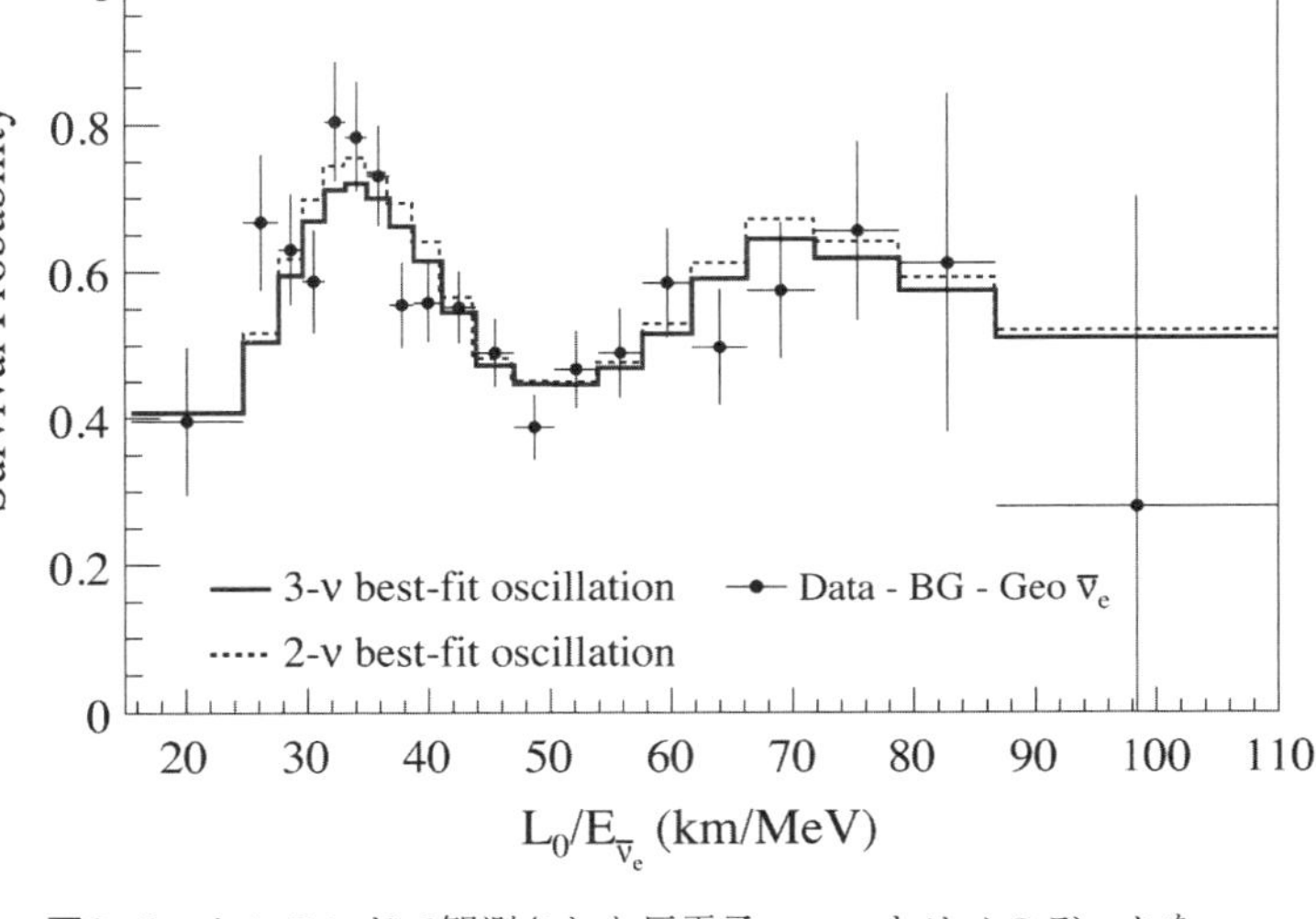

図8-8　カムランドで観測された反電子ニュートリノのデータを、横軸に「ニュートリノの飛行距離L／ニュートリノのエネルギーE」を、縦軸に「ニュートリノ振動なしの予想値と比べたデータの数の比」をプロットした図。飛行距離に応じて反電子ニュートリノが減ったり増えたりするのが明確に分かる。出典は図8-7と同じ。

ーごとにちがうことが分かります。さらに、少し専門的になりますが、この図をもとに反電子ニュートリノの減り方を「ニュートリノの飛行距離L／ニュートリノのエネルギーE」で示すように図を書き換えたものを示します【図8－8】。この図で見ると反電子ニュートリノが減ったり、また元に戻ったりしていることを繰り返していることが分かります。これはまさにニュートリノ「振動」で、理論の予想どおりです。この図を見て世界の多くの研究者は、本当にニュートリノ振動が起こっていることを実感したのです。

カムランド実験で観測された、エネルギーに応じてニュートリノが減ったり、もとに戻ったりしているデータを用いて、ニュートリノの質量を求めることができます。大気ニュートリノや加速器のニュートリノ振動実験のときと同じように簡単のために、2種類のニュートリノを考えます。そのうち、重いほうのニュートリノの質量を求めてみます。するとだいたい 0.009電子ボルトであることが分かります。大気ニュートリノや加速器のニュートリノ振動実験で求めたいちばん重いニュートリノの質量が約 0.05電子ボルトでしたので、2番目に重いニュートリノはそれより5～6倍軽いことになります。

こうして大気ニュートリノ、加速器のニュートリノ振動実験、太陽ニュートリノ、原子炉ニュートリノ実験を積み重ねた結果、ニュートリノの質量と混合角の大枠が分かってきました。

●「美しい」理論が導いた意外な結果

この章の冒頭で述べたように、1985年に発表された「物質中でのニュートリノ振動の理論」

によって、それまで一般に考えられていたように混合角が小さくても、太陽中心で生成された電子ニュートリノが、非常に大きな割合で別のニュートリノに転移し得ることが示されました。この「美しい」説明がきっかけになって研究者は、太陽ニュートリノ問題の原因はニュートリノ振動かもしれないと、真剣に考えはじめたのです。

「美しい」とはどういうことでしょう。

１９８０年代、陽子や中性子を構成するクォークとニュートリノや電子を含むレプトンの間には、一定の関係があることが分かってきました。さらにクォークの間の混合角はすでに測定されていて、それは小さいことも分かっていました。クォークと、ニュートリノを含むレプトンの間に一定の関係があることからすると、クォーク間の混合角が小さいなら、ニュートリノ間の混合角も小さいはずだと、容易に想像できます。

ニュートリノ間に混合があって、かつニュートリノの質量がゼロでなければ、あるニュートリノが別の種類のニュートリノに転移するニュートリノ振動が起こることは、すでに第6章で説明したとおりです。また、宇宙空間のような真空中のニュートリノ振動は、当時考えられていたようにニュートリノ間の混合角が小さいと、少ないことも説明しました。したがって、ニュートリノに質量があって、ニュートリノが振動していたとしても、太陽から飛来する電子ニュートリノの減り方は、わずかだと予想されます。

しかしデイヴィスの先駆的な実験以来、すべての実験結果は、理論値の3分の1だったり半分だったりと、とうていわずかな減少とは言い難い結果でした。したがって、混合角が小さいことを前提にしたニュートリノ振動では、太陽ニュートリノの減り方は、説明できそうもありません。

ところが、物質中でのニュートリノ振動の理論は、混合角が小さい場合でも太陽中で生成された電子ニュートリノが別のニュートリノに非常に大きい割合で転移する場合があることを示して、まったく無理なく太陽ニュートリノ問題を説明しました。それまでの前提を崩さずに、観測結果を説明してみせたこと。これが理論的に「美しい」とされた理由です。

この理論が示した物質中でのニュートリノ振動を利用して、データの詳細な解析がなされました。しかし、太陽ニュートリノ実験やカムランド実験から分かったのは、「美しさ」に基づく予想を裏切って、電子ニュートリノがかかわるニュートリノ振動でも、混合角は大きいということでした。

ニュートリノ間の混合角は小さいはずだという予想、あるいは先入観、と矛盾せずに説明ができる理論があらわれたことにより、太陽ニュートリノ問題をニュートリノ振動で説明しようとする試みは、真剣に考えられはじめました。そして結局、太陽ニュートリノ問題はニュートリノ振動で解決しました。ニュートリノ振動が原因という予想は当たっていましたが、その結果はすべて予想や先入観どおりというわけではありませんでした。

自然科学の研究では、一歩先は分かっていない場合が多いこと、また実験や観測の重要性を示すよい例かと思います。

●太陽ニュートリノ実験のその後

第4章などでも書いたように、もともと太陽ニュートリノ実験は、太陽の中心部の核融合の様子をニュートリノを使って調べようというものでした。しかしデイヴィスの実験以来、予想もされていなかった太陽ニュートリノの欠損が観測されたため、当初の目的は棚上げされていました。でも、ニュートリノ振動についてはかなりのことが分かったので、当初の目的に帰る時が来ました。

たとえば、イタリアで進められている Borexino という実験があります。カムランド実験と同じく、「液体シンチレータ」を用いた実験です。1990年代のはじめ頃、太陽ニュートリノのうち、特に、陽子どうしが核融合をしてヘリウムになる一連の連鎖反応［陽子・陽子連鎖核融合反応。図4－1］の最後のほうで出てくる、「^{7}Be」と呼ばれるニュートリノ［図4－2］を観測することを主な目的に提案されたのですが、この実験でもカムランド実験同様、測定器内部の放射性物質を極限まで取り除く必要があり、そのために多くの技術開発が必要でした。それもあって建設に時間がかかり、実験が始まったのは2000年代に入ってからです。そして2007年、見事にこのニュートリノの観測に成功しました。観測されたニュートリノのフラックス（1平方センチメートルあたり毎秒飛来する数）は、ニュートリノ振動の効果を入れれば、理論の予想と矛盾ないものでした。

結局太陽ニュートリノ問題は、より精密な太陽理論の発展にも大きく貢献し、いままでに理論面でも大きく進歩したと言うこともできると思います。

では、もう他に太陽ニュートリノで分かる大きな問題はないのでしょうか？　いやそんなことはありません。実はいままで簡単のために、太陽の核融合のうち、いまの太陽でいちばん重要な「陽子・陽子核融合」と、それに引き続く一連の連鎖核融合反応によって生まれるニュートリノに絞って話をしてきました。太陽程度の重さの星ではこの反応が主なのですが、もっと重い星になると、

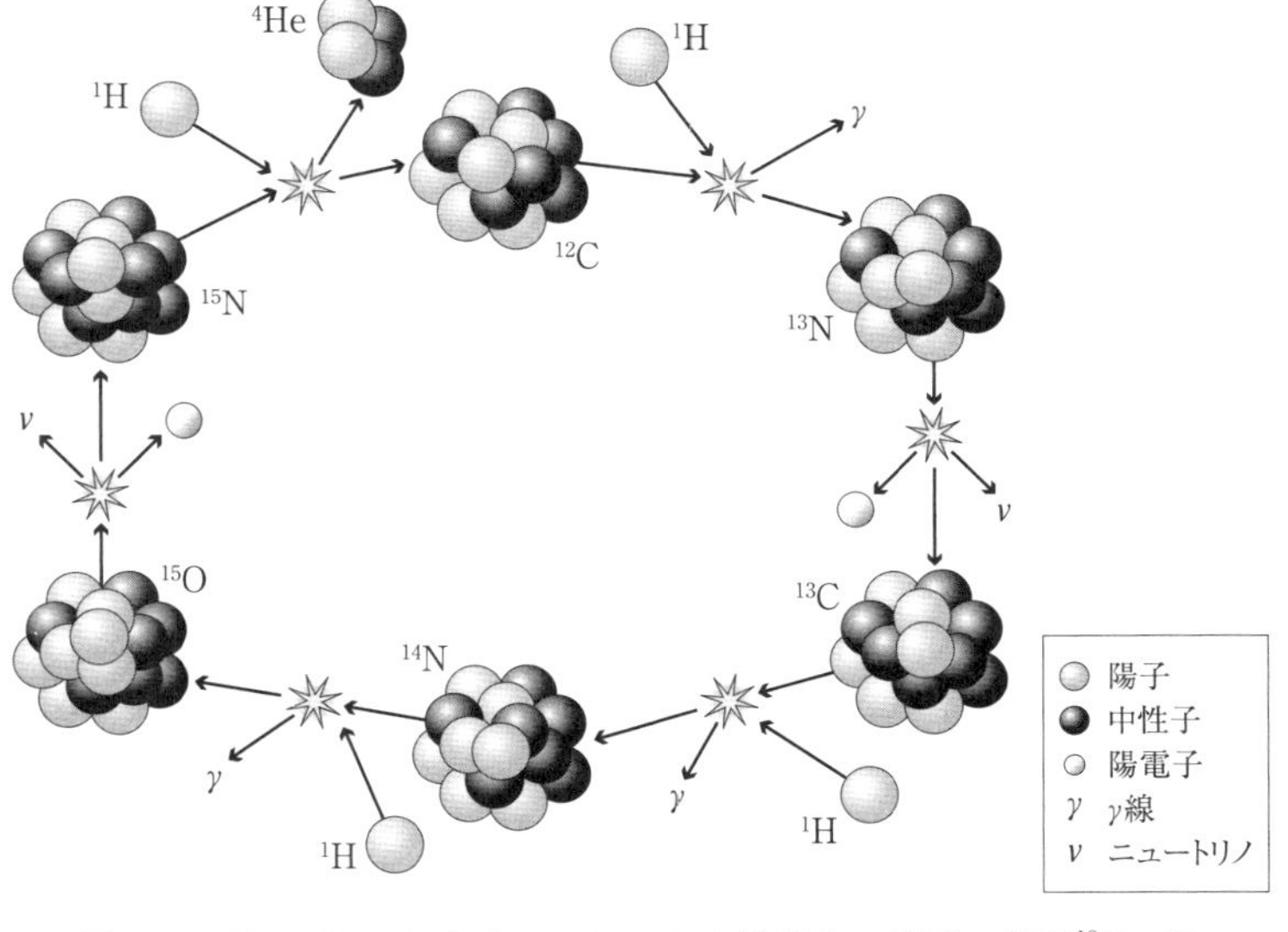

図8-9　星の「CNOサイクル」による核融合の様子。炭素^{12}C、窒素の同位体^{15}N、酸素の同位体^{15}O が、四つの陽子（水素原子核）と核融合反応を行い、一つのヘリウム原子核^{4}Heをつくりだす過程で、γ線、陽電子、ニュートリノ（ν）も生成されている。

炭素、窒素、酸素をいわば触媒として核融合を起こす過程が優勢になってきます。図8−9に「CNOサイクル」と呼ばれるこの核融合の様子を示します。図を見ると、この円の中の一部で陽子がヘリウムになり、また他の部分ではニュートリノが生成されていることが分かります。

現在の太陽ではCNOサイクルによる熱生成は約1・6%程度と言われていますが、これを直接確認した人はいません。そこで、この過程で生成されるニュートリノを観測しようという計画が練られています。きっとこれからもニュートリノは、星のことをいろいろと教えてくれるでしょう。

第9章

地球ニュートリノの観測

第8章で紹介したカムランド実験は、神岡から平均180キロメートルの距離にたくさんあった日本国内の原子炉からのニュートリノを観測して、太陽ニュートリノ問題が間違いなくニュートリノ振動によることを示しました。すでに述べたように、原子炉でつくられたたくさんの反ニュートリノのうち、180キロメートルも離れたところで反応を観測できる数は多くありません。そのため、極限まで測定器中に含まれる放射性物質を低減する必要がありました。そしてこのことが、いままでまったく観測がなされていなかった、地球由来のニュートリノの観測へとつながったのです。

●地球の熱

地球は太陽系ができたのと同じ頃、約45億年前に誕生しました。おそらく、誕生して間もない太

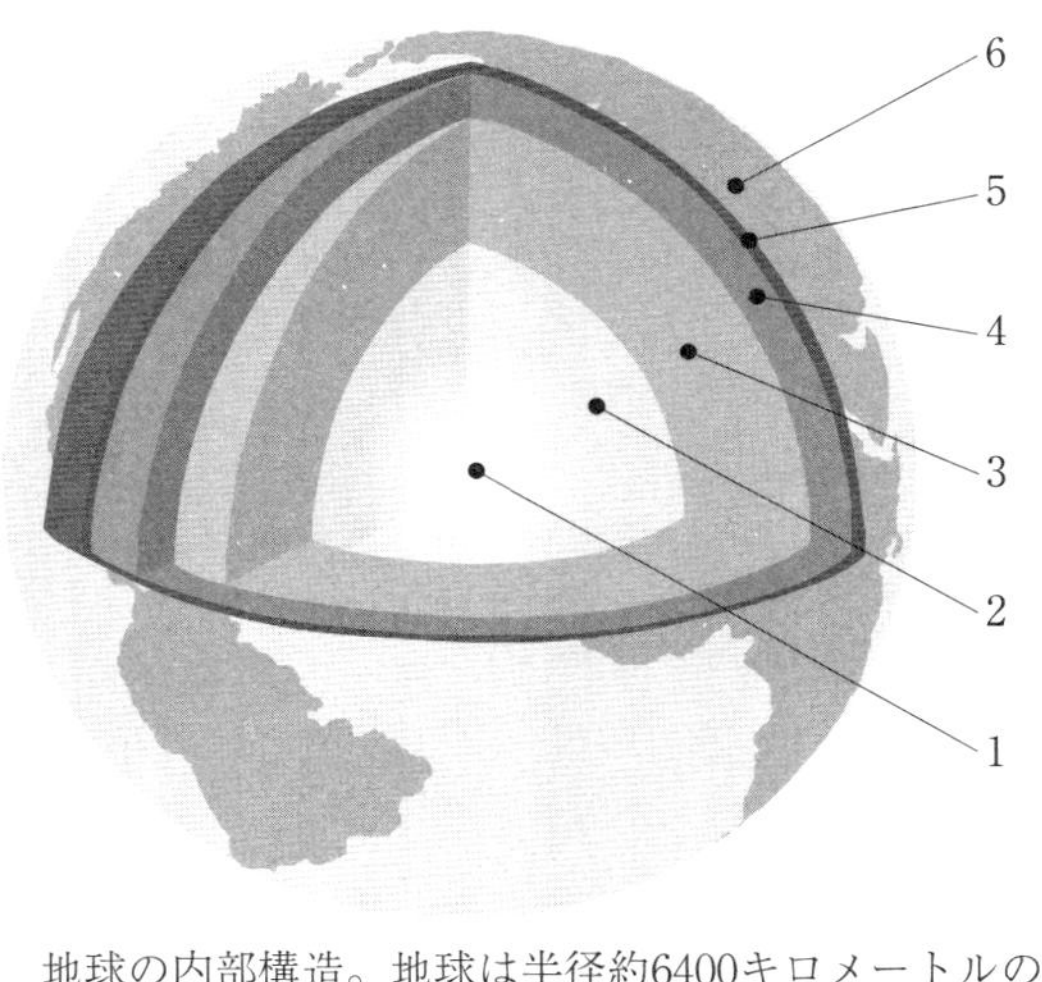

図9-1　地球の内部構造。地球は半径約6400キロメートルのほぼ球形で、内部は物質の化学組成や構造、圧力、温度の異なるいくつかの層からなっている。
内側から、１内核、２外核、３下部マントル、４上部マントル、５地殻、６地表。

陽系内にあった微惑星が衝突を繰り返して、徐々にいまの地球の大きさと形になったと考えられています。

微惑星が衝突して合体すると、衝突のエネルギー（運動エネルギー）が熱エネルギーに変わったはずです。そのため、地球は熱くなっていきました。このエネルギーによって微惑星中に含まれていた水や二酸化炭素、窒素などのガス成分が放出され、原始地球のまわりの原始大気になりました。さらに地球が衝突で大きくなるにつれて、衝突で解放されるエネルギーと原始大気の保温効果によって岩石が解け出したと考えられています。そして鉄を中心とする金属成分は地球の中心部に沈んでいって、現在の地球のコア（核）を形成したと考えられています。その後、微惑星の地球への衝突が減って徐々に地球は冷え、図9－1に示すような、内核、外核、下部マントル、上部マントル、地殻、地表からなる、現在の地球の構造が形成されました。

地球が生まれて約45億年たって、微惑星の衝突がほとんどなくなった現在でも、地球はまだ温かく、地球全体で熱を46兆ワットも放出しています。この熱によって、マントルの対流や、大陸の移動や、地震や火山活動が引き起こされているのです。いまでも放出されているこの熱源はなんなのでしょうか？

考えられる熱源は、大きく分けて2種類あります。一つは、地球が形成されたときの熱がまだ「余熱」として残っていて、現在でも放出されている、という考え方です。もう一つは、誕生のとき以来地球の内部に含まれている、ウランやトリウムが熱源だという考え方です。これらの元素の寿命は地球の年齢より長いので、現在でもほとんど残っています。そして完全に安定ではなく、崩壊します。この崩壊のときに生まれる熱が、現在の地球の熱源だと考えることができます。

●地球内部の聴診器

ではどのようにしたら、この二つの考えのどちらが正しいか分かるのでしょうか？　残念ながら、地球の中心部に行って、直接調べることはできないので、やれることは限られます。いわば、聴診器を当ててお腹の中を簡単に調べるようなものです。そして聴診器の役目をするのが、ニュートリノなのです。ウランやトリウムがα崩壊し、生まれた元素がさらに崩壊することを繰り返す過程の一部はβ崩壊で、この際ニュートリノが生成されます（α崩壊については第3章、β崩壊については第2章で説明しました)。もし、このニュートリノを観測できれば、地球の熱源がどちらかを決めることができます。

でも、ニュートリノ観測の常ではありますが、簡単ではありません。まず、太陽ニュートリノなどと同様に、ほとんど測定器を通過するだけなので、反応頻度が低いのです。地球の熱のすべてがウランやトリウムの崩壊だとしても、予想される観測頻度は、1000トンの「液体シンチレータ」であるカムランドの場合で、10日に1回くらいです。つまり、巨大な測定器が必要です。加えてニュートリノのエネルギーが、これまでの章で「エネルギーが低い」と書いてきた^{8}B太陽ニュートリノや原子炉ニュートリノよりもさらに低いため、信号のエネルギーは自然放射線のエネルギーと大差がないのです。したがって、地球ニュートリノの観測をしようと思ったら、測定器内部の放射性物質を極限まで減らすことが求められるのです。

●カムランドの観測

これら二つの条件をクリアしたのがカムランドでした。すでに述べたようにカムランドはもともと、原子炉からの反ニュートリノの観測を主目的として実験を準備していました。カムランドと原子炉は平均で180キロメートルも離れているので、十分な数の反ニュートリノを観測するには1000トンもの液体シンチレータが必要でした。予想される観測頻度が低いことは分かっていたので、バックグラウンドがあってはニュートリノの観測はできません。そこで測定器内の液体シンチレータを極限まできれいにする努力がなされました。

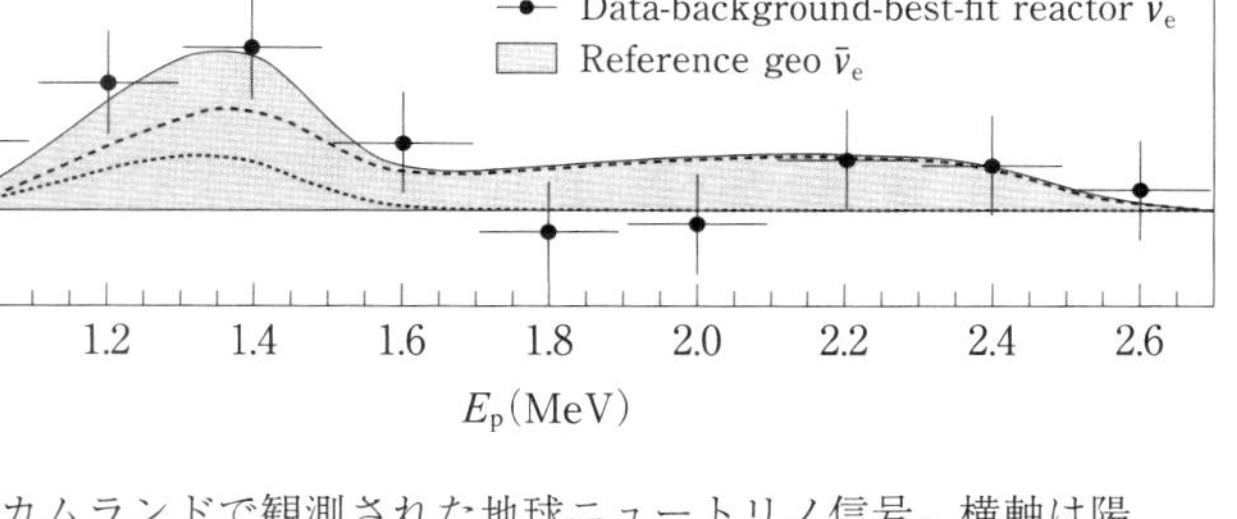

図9-2　カムランドで観測された地球ニュートリノ信号。横軸は陽電子信号のエネルギー。淡い色で示されたカーブが地球ニュートリノ信号の予想される形。破線はウランの寄与で、点線はトリウムの寄与。The KamLAND Collaboration, *Nature Geoscience*, 4, 647-651 (2011) をもとに作成。

第8章で述べたとおり、カムランドでは実験開始直後から原子炉ニュートリノを観測し、そのスペクトルを理解してニュートリノ振動の情報を得てきました。その過程で、測定器内部になおも残る放射性のバックグラウンドも、十分理解されました。するとどうも、原子炉ニュートリノと測定器内のバックグラウンドだけではない別な成分があることが明らかになりました。これが地球ニュートリノです。

2005年に、どうも地球ニュートリノが観測されているようだと最初の報告があり、2011年には、より確かな信号が得られました。**図8-7**の斜線の入った部分が地球ニュートリノの信号です。原子炉ニュートリノ（白色の部分）に比べて、さらにエネルギーが低いことが分かります。また、地球ニュートリノの信号部分だけを抜き出して示したのが**図9-2**です。

このようにして、ニュートリノを使って地球内部の様子を知ることができるようになりました。ニュートリノ地球物理学の幕開けと言えるでしょう。

地球内部のニュートリノには、地球の表面付近の地殻に含まれるウランやトリウム由来のものが含まれています。ニュートリノの発生源が遠くなればなるほど観測数が減るので、測定器付近の地殻で発生したニュートリノを多く観測していることになります。地殻の厚さは地球のいろいろな場所ごとに違うので、さまざまな場所で地球ニュートリノを観測して、場所ごとの違いなどをきちんと理解すれば、地球中心部から飛来する地球ニュートリノの特徴がつかめるはずです。そこからさらに、地球中心部の情報を得ることができれば、理想的です。

実際にこのような試みはすでに始まっています。第8章でも紹介したイタリアの Borexino 実験でも、地球ニュートリノが観測されました。これら二つの実験のデータから、ウランやトリウムの崩壊によって発生する熱は、地球全体で20兆ワットであることが分かりました。これはおおよそ、現在の地球の放射する熱の半分です。つまり、現在の地球にはまだ地球が生まれたときの熱が残っていて、いまでもその熱が宇宙空間に放出されつづけているのです。

ニュートリノによって、こんなことも分かるのですね。

第10章　ニュートリノと素粒子と宇宙

この章では、ニュートリノ質量と素粒子の世界や宇宙の理解との関係を、ごく簡単に紹介します。ニュートリノの質量が、他の素粒子に比べて極端に軽いことは、もしかすると誕生直後の宇宙のことを教えているのかもしれません。

●小さなニュートリノ質量の大きな意味

カミオカンデやスーパーカミオカンデが観測した「ニュートリノ振動」は他の実験によっても確認され、ニュートリノに質量があることは、現在では素粒子物理学の定説です。また、観測データの詳細な解析から、ニュートリノの質量の値も分かってきました。

第6章で述べたように、大気ニュートリノで観測されたニュートリノ振動のデータを用いて、もし重いほうのニュートリノの質量は軽いほうよりずっと重いと仮定すると（この仮定が正しいかどうかはまったく分かりませんけど）、いちばん重いニュートリノの重さはおおよそ 0.05電子ボルトです。一方いちばん重いクォーク（トップクォーク）は約 175,000,000,000電子ボルト（175ギガ電子ボルト）です。ニュートリノの質量は、対応するクォークや荷電レプトンと比べると10桁以上小さいのです。図10−1を見てください。

クォークやレプトン（電子、ミューオン、τ粒子）は、世代が増えるにつれて質量が急激に大きくなっていきます。ニュートリノも世代とともに質量が大きくなるかもしれないし、そうではないかもしれません。現在までのところ、ニュートリノの質量パターンは図の右左の2パターンのどちらかだと分かっています。

しかしどうして、ニュートリノの質量はこんなにも小さいのでしょう。その背後には、非常に高エネルギーの世界の自然法則が隠されていると考えられています。

ニュートリノの質量とクォークの質量には、

$$m_\nu = \left(\frac{m_q}{m_N}\right) \cdot m_q$$

という関係があると考えられています。ピーター・ミンコフスキー、柳田勉（当時東北大学、現在は東京大学カブリ数物連携宇宙研究機構）、マレイ・ゲルマン（クォークモデルを提唱した人物です）、ピエール・ラモン、リチャード・スランスキーらによって、１９７０年代の後半に提唱されました。

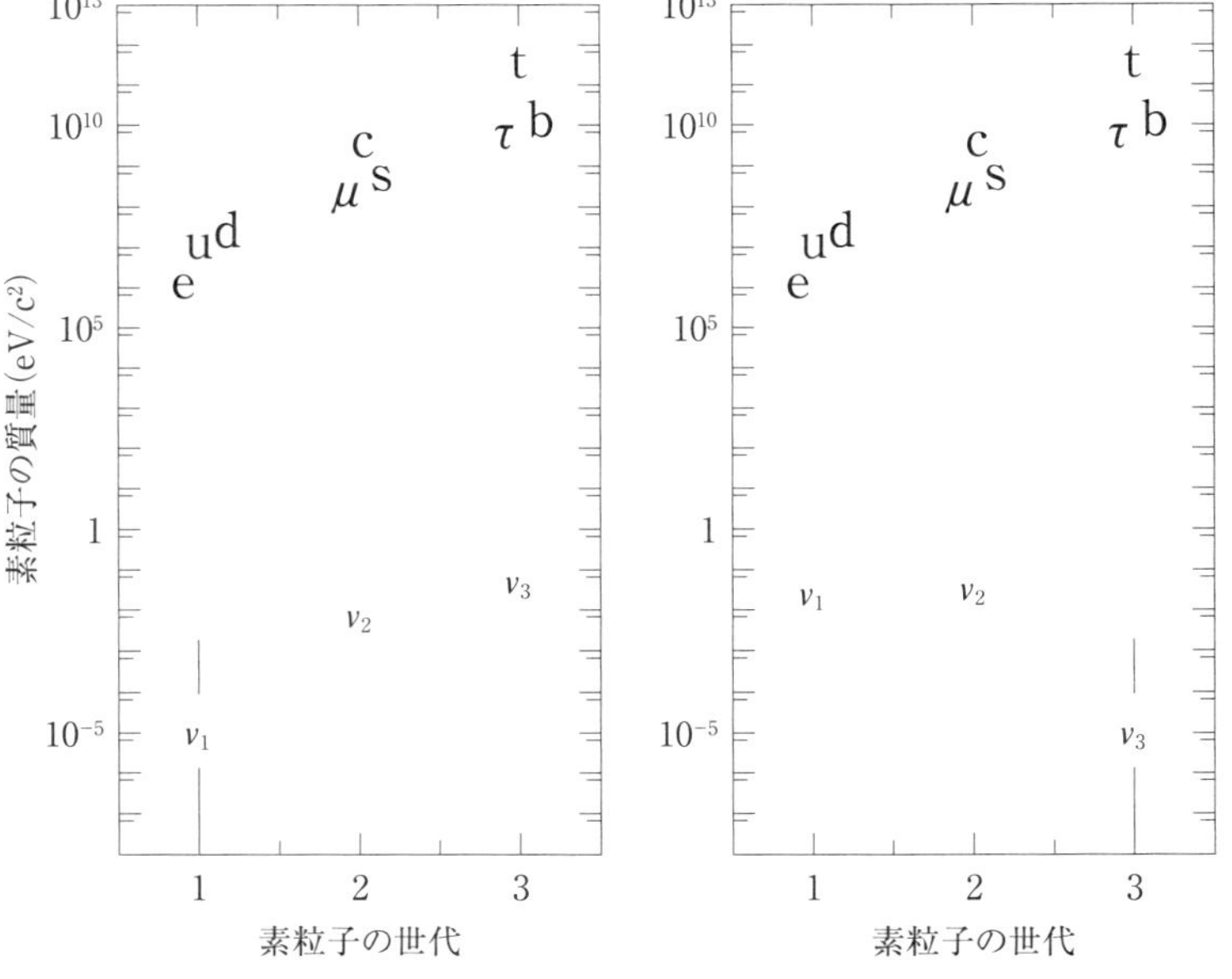

図10-1　物質をつくっている仲間の素粒子の質量。縦軸が１目盛りで１桁大きくなることに注意。第１世代（e＝電子、u＝アップクォーク、d＝ダウンクォーク）、第２世代（μ＝ミューオン、c＝チャームクォーク、s＝ストレンジクォーク）、第３世代（τ＝τ粒子、t＝トップクォーク、b＝ボトムクォーク）と、世代が増えるに従って、質量が飛躍的に大きくなっている。左図のν_1と右図のν_3のところに入っている縦の線は、見積もった質量の誤差を大雑把に示したもの。ニュートリノについては、ν_3がいちばん重いか軽いかは分かっていない。

m_ν、m_q、m_Nはそれぞれニュートリノの質量、クォークの質量、非常に重い未知の粒子の質量です。

この関係は、子どもが遊ぶシーソーになぞらえて「シーソー機構」と呼ばれています。シーソーでは片方が重くて下がると他方が上がり、感覚的には重ければ重いほど下がって、軽いほうがより上に行く（軽いように感じる）からです。相対性理論によれば質量とエネルギーは等価です。つまり、この未知の非常に重い粒子の質量と同程度のエネルギーのところに、まだ私たちがくわしく知らない新しい物理の世界があると考えられます。

●シーソー機構と大統一理論

そこで、観測されたニュートリノの質量とすでに知られているクォークの質量を用いて、非常に重い未知の粒子の質量、つまり背後にある超高エネルギーの世界を考えてみます。ためしに、いちばん重いニュートリノの質量といちばん重いクォーク（トップクォーク）の質量の値を、さきほどの式に代入してみます。すると非常におもしろいことに、得られるm_Nのおおよその値、すなわち桁数は10^{15}ギガ電子ボルトとなって、まったく別の論理で予言されてきた「大統一理論」の世界のエネルギースケールに近いことが分かります［図10−2］。

1970年代に提唱された大統一理論は、素粒子間に働く4種類の力「弱い力」「強い力」「電磁力」「重力」のうち、重力以外の力を統一的に記述する理論です。私たちが住む低エネルギーの世界（宇宙）では、四つの力の強さは異なります。いちばん強いのは「強い力」と呼ばれる、原子核をつなぎとめておく力です。力の強さはエネルギーや温度によることが知られています。「強い力」

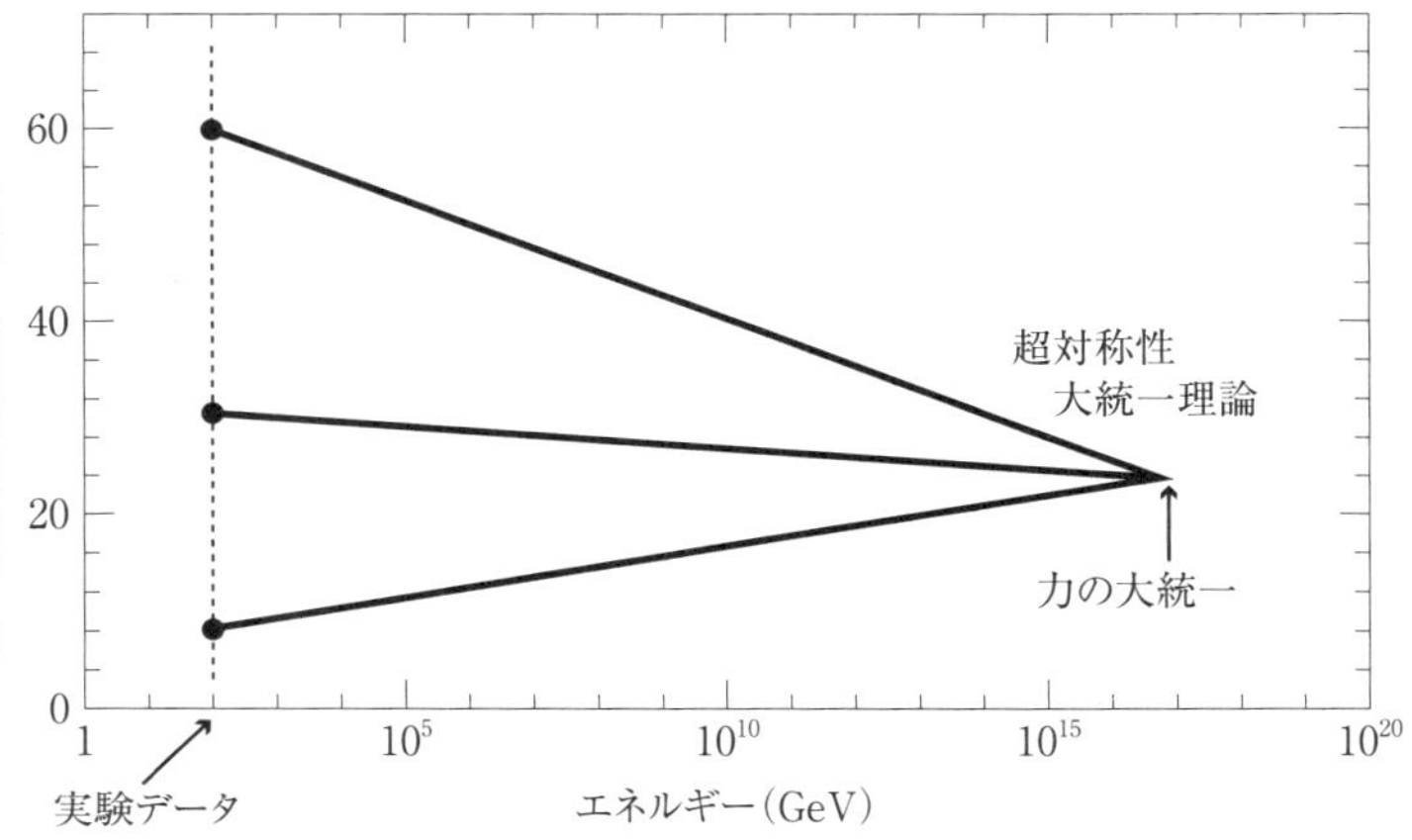

図10-2　異なる種類の三つの力は、かつては一つだった。力の強さはエネルギーとともに変わる（縦軸は「力の強さの逆数」なので、力が弱いほど大きな値になるので、右上がりの線は、エネルギーとともに力が弱くなっていること、右下がりの線は強くなっていることを示している）。ここから推測すると、重力をのぞく三つの力が統一されるのは、10^{16}ギガ電子ボルトもしくは10^{29}度の世界で、この結果はシーソー理論を用いて実験データから求めた重い未知の粒子の質量とあまりちがわない（図3-6を再掲）。

はエネルギーが高くなるとだんだん弱くなっていきます。

この考えに従って、「電磁力」「弱い力」「強い力」の強さがエネルギーとともにどのように変わるかを調べていくと、おもしろいことに、この3力が約10^{16}ギガ電子ボルト、あるいは10^{29}度で同じ強さになることが導かれます。そこで、このエネルギーあるいは温度で三つの力が統一され、それより低いエネルギーの世界では分化していると考えられています。ちなみに太陽の中心部の温度はおおよそ1000万度（10^7度）です。つまり、力が統一されるような温度は現在の宇宙には存在しません。おそらく宇宙開闢（かいびゃく）のビッグバンのときだけ、このような力が統一された世界が存在していたのでしょう。

ニュートリノ質量の物理は、宇宙の始まりの瞬間に存在した大統一理論の世界の情報を、私たちに与えてくれているような気がします。このような背景があるため、ニュートリノの質量の発見は大きな興奮をもって受けとめられたのです。ニュートリノの質量と、それに関連する物理量（たとえば混合角など）は、私たちに大統一理論の世界の情報を運んできているのかもしれません。

予想されていなかったニュートリノ間の大きな混合角は、きっとより深く大統一理論の世界を理解するための、なにかのヒントになっているのでしょう。そして、私たちが大統一理論の世界の自然法則を知れば、ビッグバンで宇宙が始まった直後の世界をよりくわしく知ることになるはずです。

●ダークマターとニュートリノ

ところで、私たちの知っている陽子や中性子からなる物質は、宇宙のエネルギーの4%でしかな

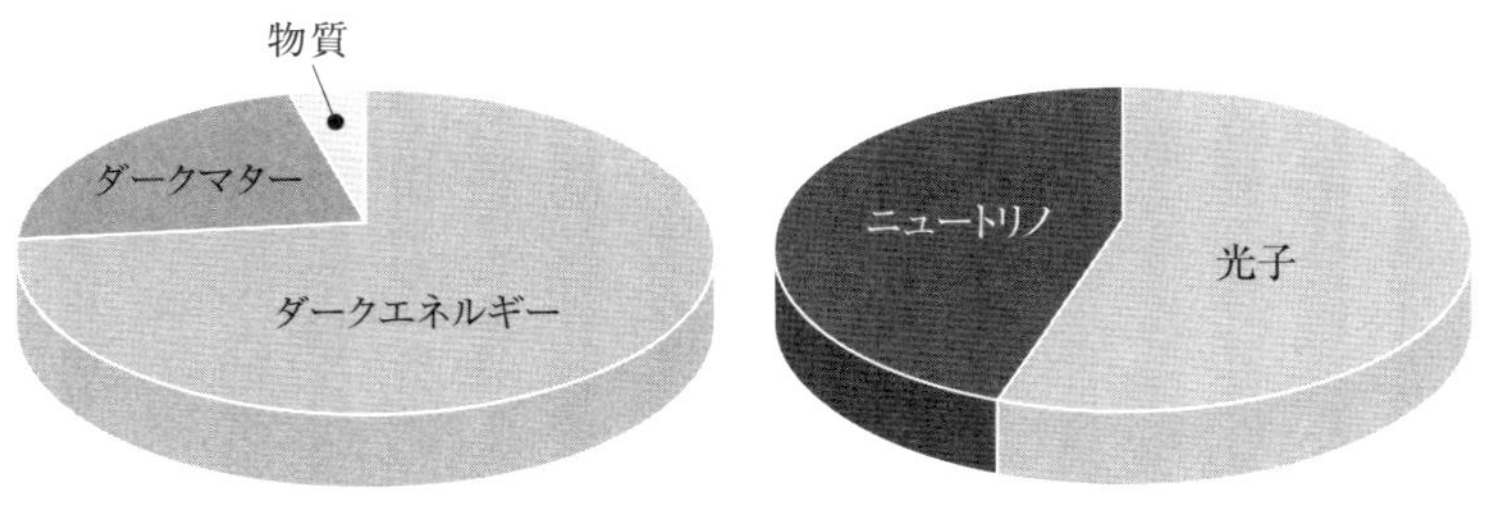

図10-3 左は現在の宇宙に占める物質、ダークマター、ダークエネルギーのエネルギーによる比率。ニュートリノは１％にも満たない。右は現在の宇宙に占める粒子の数の割合。大部分は光子とニュートリノで、陽子などの物質をつくる粒子は、ニュートリノや光子の数の10億分の１程度しかない。

く、残りの大部分を占めているものの正体は分かっていません［図10－3左］。いま「もの」と書きましたが、この「もの」がなんなのかも問題です。宇宙のエネルギーの約４分の３は、「ダークエネルギー」と呼ばれる「真空のエネルギー」（と考えられているもの）です。

このダークエネルギーは、本当に不思議なしろものです。ビッグバンの大爆発で始まった宇宙が膨張している、というのは、まあ理解できます。そうは言ってもお互いに重力で引き合っているので、時間とともに膨張速度はだんだん遅くならねばなりません。ところがこのダークエネルギーは、宇宙の膨張をだんだん速くしているのです。

残りの約４分の１のエネルギーは、物質や粒子のようなふるまいをする「もの」で占められていますが、その多くは、私たちの身体をつくる物質ではありません。私たちの身体をつくる物質でない「なにか」は、これまで観測に用いられてきた電磁波（可視光、X線、赤外線など）では見えないので「ダークマター（暗黒物質）」と呼ばれています。

宇宙に存在するニュートリノの数は、陽子や電子と比べるとはるかに多いので［図10－3右］、1980年代頃には、ニュートリノに小さくてちょうどいい質量があれば、ダークマターの候補となるのではないかと考えられていました。

しかし、観測されたニュートリノの質量はダークマターとして宇宙の見えない質量を説明するには小さすぎました。この他にも、軽いニュートリノがダークマターであった場合には現在の銀河宇宙の構造をうまくつくれないなど、いろいろな理由があり、現在では、ニュートリノとはちがう未知の電気的に中性で重く、かつ寿命の長い粒子がこの宇宙に漂っていて、それがダークマターとなっている可能性が高いと考えられています（ダークエネルギーについては、ほとんどなにも分かっていません）。

この未知の粒子は質量も、またどのくらいの頻度で物質と相互作用するのかも確実に分かっていることはなにもないので、なかなか確実に探すのはむずかしいのですが、それでも理論的な考察も参考に、暗黒物質を探す試みが世界中でいろいろ進められています。でも、この本はダークマターの本ではないので、「ニュートリノはダークマターの主成分ではない」と言うにとどめて、つぎの章ではまた、ニュートリノの話に戻ります。

第11章　これからのニュートリノ研究

最後に、大気ニュートリノや太陽ニュートリノ以降の、現時点でのニュートリノ振動研究と、これからの実験的な研究について紹介します。でも最近のことについては、私は十分フォローできていないかもしれません。あまり細かいことまでは書けていないかもしれませんが、その点は勘弁してください。

まず説明するのは、「第3のニュートリノ振動」と、それを調べる実験です。いままでの実験だけでは、ニュートリノ振動の全貌が分かったわけではないのです。

最後に、第2章で説明した、「ほとんど物質だけからなる宇宙」の謎を解く鍵を、ニュートリノが握っているかもしれないことと、それを確かめる実験の計画について述べます。

●第3のニュートリノ振動

ニュートリノ振動は、太陽ニュートリノの観測データへの疑問から始まり、またそれとは別に、スーパーカミオカンデが大気ニュートリノの観測データを積み重ね、精査することによって確かめられました。

地球の大気中で宇宙線からつくられる大気ニュートリノは、あらゆる方向から地球に降り注いでいます。真上から飛んでくるものは飛行距離が十数キロと短く、地球の裏側から飛んでくるものは1万キロ以上と非常に長いので、どのくらい飛んだ後にニュートリノ振動が起こるかをまだ知らないときに、振動を発見するには都合がよいニュートリノでした。

スーパーカミオカンデの結果は、日本のK2K、つづいてアメリカのMINOS、ヨーロッパのOPERAなど、加速器を使った実験で確認されましたが、観測されたのはμニュートリノがτニュートリノに転移している現象でした。これには電子ニュートリノは関与していません。では、μニュートリノは電子ニュートリノには変わらないのでしょうか？　それをこの章では説明していきますが、μニュートリノと電子ニュートリノの間の振動を観測する実験は、加速器を用いた方法が有利です。

なぜなら大気ニュートリノは、μニュートリノと電子ニュートリノ間のニュートリノ振動を観測するには不向きなのです。第6章で述べたように大気ニュートリノは、μニュートリノ2に対して電子ニュートリノが1の割合で入り交じって生成されるので、仮に電子ニュートリノとμニュートリノ間の混合角が比較的小さかった場合、少しくらいニュートリノ振動が起こっても、検出は容易ではありません。そのため、μニュートリノと電子ニュートリノの間のニュートリノ振動を観測するには、ほとんどμニュートリノだけからなるビームを用いる加速器実験が有利になります。

μニュートリノとτニュートリノの間の振動［図11－1のθ_{23}］ともう一つ、大きくちがった種類のニュートリノ振動についても、第8章で説明しました。電子ニュートリノが別なニュートリノへ振動するものです［図11－1のθ_{12}］。SNO、スーパーカミオカンデによる太陽ニュートリノの観測、カムランドによる原子炉ニュートリノの観測で調べられました。

第6章でニュートリノ振動を説明したときには、簡単のために、μとτの2種類のニュートリノを、それぞれ「二つの質量を持った状態の重ね合わせ」と考えました。しかしニュートリノが3種類あることを考えると、図11－1に示すように、電子、μ、τニュートリノは、「三つの質量（ν_1、ν_2、ν_3）を持った状態の重ね合わせ」とするのが正確です。そしてν_1、ν_2、ν_3の関係を決める混合角は3種類あるはずです［図11－1のθ_{23}とθ_{12}とθ_{13}］。

つまり、いま述べた2種類のニュートリノ振動（θ_{23}とθ_{12}が関係する）以外にもう一つ、別なタイプのニュートリノ振動（θ_{13}が関係する）があるはずです。

これまでに観測されたμニュートリノとτニュートリノの間のニュートリノ振動と同じ距離で、同じエネルギーのニュートリノが、μニュートリノから電子ニュートリノに（少しだけ）転移する現象です。あるいはニュートリノのエネルギーが小さければその分短い距離でニュートリノ振動が起こるので（振動長とニュートリノのエネルギーの関係については、第6章に説明がありますので、疑問に思った方は復習してみてください）、原子炉からの反電子ニュートリノが割合短い距離で、他のニ

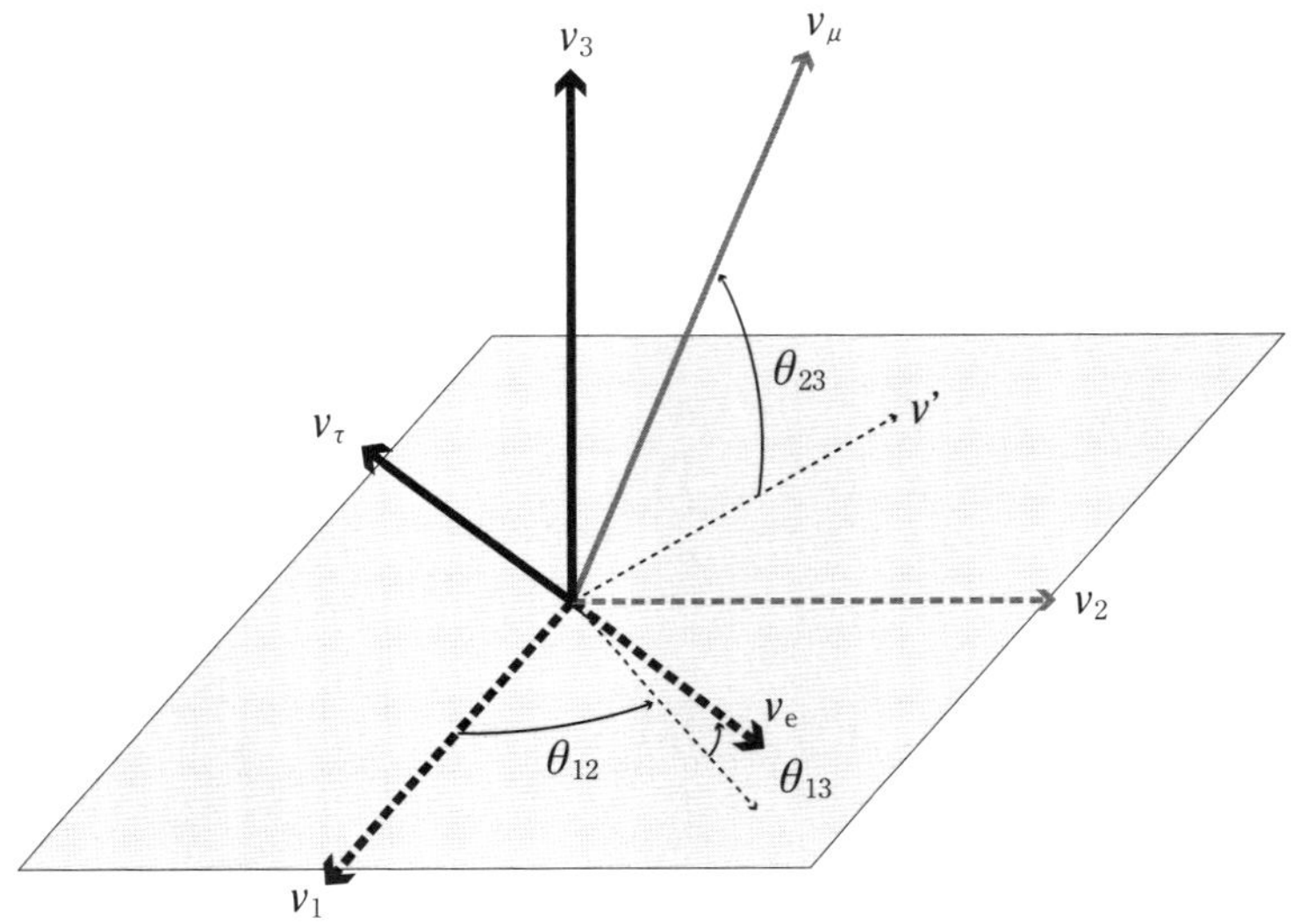

図11-1　μニュートリノ（ν_μ）とτニュートリノ（ν_τ）間の振動（θ_{23}）は、スーパーカミオカンデ、K2K、MINOS、OPERAなどの実験によって確かめられた。電子ニュートリノ（ν_e）がμニュートリノ（ν_μ）もしくはτニュートリノ（ν_τ）に転移していること（θ_{12}）は、SNO、スーパーカミオカンデ、カムランドなどによって確かめられた。最後に、残ったθ_{13}を測定するため、μニュートリノ（ν_μ）から電子ニュートリノ（ν_e）への転移や、電子ニュートリノ（ν_e）からμニュートリノ（ν_μ）もしくはτニュートリノ（ν_τ）への転移を観測する実験が行われた。

ユートリノへ（少しだけ）転移することも期待されます。

「（少しだけ）」と書いたのにはわけがあります。第6章で書いた1994年のカミオカンデの大気ニュートリノの観測結果は、「上から来るμニュートリノの数は理論値どおりなのに、下から来るμニュートリノの数だけが理論値より減っているようだ」というものでした。これをニュートリノ振動で説明しようとすると、当時の限られたデータからは、μニュートリノと電子ニュートリノ間、またはμニュートリノとτニュートリノ間のどちらの振動かが分かりませんでした（現在では、もちろんμニュートリノとτニュートリノ間のニュートリノ振動であると分かっています）。そこで1990年代の後半、カミオカンデの結果を別な方法で調べるために、原子炉から約1キロメートルのところに測定器を置いて、精密に反電子ニュートリノの反応数を測定し、ニュートリノが減っているか否かを確認する実験が、ヨーロッパとアメリカで行われました。

もしカミオカンデで測定された現象が、μニュートリノとτニュートリノ間のニュートリノ振動であるなら、原子炉からの反電子ニュートリノは予想どおりの数が観測されるはずです。一方、もしμニュートリノと電子ニュートリノ間のニュートリノ振動の場合は、原子炉からの反電子ニュートリノは振動の効果で大きく減っているはずです。

残念ながらこれらの実験では反電子ニュートリノが振動して減っている証拠は得られませんでした。したがって、カミオカンデで観測された大気ニュートリノのデータは、μニュートリノとτニュートリノ間のニュートリノ振動であると推測できます。その後のスーパーカミオカンデのデータで、このことが疑いようのない精度で示されました。

３世代のニュートリノの間での振動を考えるとき、これらの実験の結果は、第３のニュートリノ振動の振幅（大きさ）が小さいことをあらわしています（ただし、どのくらい小さいかは分かりませんでした）。そこで「（少しだけ）」と書いたのです。

科学の世界では、結果の重要性をはかる一つの指標として、「論文が他の論文にどれほど引用されたか」、その数が取り上げられることがよくあります。ふつう、被引用数の多いのは重要な発見をした論文です。この二つの実験の論文の結論は、「ニュートリノ振動が発見できなかった」というものなのですが、このうちヨーロッパで行われた実験の論文は、いままでに約１６００回以上も引用されています。これは「発見できなかった」という結論であっても、今後はかならずこれよりよい実験をしないといけないなどといったガイドラインを与えることで、研究の発展に大きな貢献をしたことによるものです。

●「出現現象」の検出――Ｔ２Ｋ実験

さて、残った第3のニュートリノ振動は、どのように測定すればよいのでしょうか。実験の検討は、１９９８年のニュートリノ振動の発見から、それほど時間をおかずになされました。私が知っているものでは、２０００年にカナダで行われたニュートリノ国際会議で、ロシアの研究者から提案されたものがあります。原子炉でつくられる反ニュートリノを、地下に測定器を設置して精密に測定するというものです。また同じ頃日本では、大強度陽子加速器を用いてμニュートリノのビームを生成し、スーパーカミオカンデで測定する実験の検討が始まりました（陽子加速器からμニユートリノのビームをつくる仕組みは、第2章と第6章に書きました）。μニュートリノから電子ニュートリノに少しだけ転移するのを観測するのです。

加速器を使う実験のためにはまず、大強度の陽子加速器をつくることから始めなければなりません。8年の歳月をかけて2008年、茨城県の東海村に完成した、J‐PARCがそれです［図11－2］。そして2010年のはじめから、T2K（Tokai to Kamioka）実験が始まりました。東海村から神岡までの距離は295キロメートルです。

T2K実験の最初の結果は、実験開始後約1年の2011年に発表されました。μニュートリノのビーム中に、6例の電子ニュートリノ事象が観測されたのです。振動がないと仮定した場合、スーパーカミオカンデで電子ニュートリノ反応として（間違って）観測されるバックグラウンドは1・5例程度しかないはずで、たまたま6例見つかる可能性は0・7％と結論されました。この論文を機に、第3のニュートリノ振動は、それほど小さくないのではないかという雰囲気が生まれました。

2011年3月の大地震のためJ‐PARC加速器も被害を受け、しばらく実験ができない状態でしたが、2012年に再開されると、加速器の性能向上もあって、予想されるバックグラウンド4・9例に対して、電子ニュートリノの事象が28例観測されました。もう間違いようのない信号です。このようにしてμニュートリノがτニュートリノばかりでなく、電子ニュートリノにも転移していることが分かりました。つまり予想されていた第3のニュートリノ振動も見つかったのです。

またこの結果は、これまでの多くの実験のようにニュートリノの「減り方」を観測するのではな

図11-2　大強度陽子加速器 J-PARC の鳥瞰図。まず、図中上部の「リニアック（線形加速器）」で最初に加速され、つづいて中央部やや上の「3GeV シンクロトロン」でエネルギーが上げられる。その後、中央部やや下の「50GeV シンクロトロン」でさらに高エネルギーまで加速され、最後にこのビームが引き出されて標的に当てられ、生成したニュートリノが神岡（図中左方向）に向けて飛行する。日本原子力研究開発機構提供の写真を加工。

く、振動の結果出現した電子ニュートリノを観測したという意味でも、ものすごく重要です。

●原子炉を使った三つの実験

第3のニュートリノ振動を測定するもう一つの方法は、原子炉からの反電子ニュートリノが1～2キロメートル飛行した後に減ることを測定する方法です。残念ながら、原子炉ニュートリノの実験は、この方法を最初に提案したロシアでは実現されませんでしたが、ヨーロッパ、韓国、中国で進められてきました。もちろん、すべて国際共同実験なので、ここで述べた国名は実験装置が置かれた場所と考えてください。日本人の研究者は、このうちヨーロッパの実験に参加して活躍してきました。

実験の原理はカムランドと同じように、反電子ニュートリノが陽子と反応して出てきた陽電子を「シンチレーション光」の測定によって捕らえるというものです。「液体シンチレータ」を用いた測定器を原子炉の近くと1～2キロメートル先の2カ所に配置して、まず原子炉の近くで振動する前の反電子ニュートリノを測り、そして1～2キロメートル先で測定して、どれだけ減ったかを調べるのです。図11－3に1例として、中国で行われている実験装置の写真を示します。

ところで、どのくらいの割合の反電子ニュートリノが別なニュートリノに変わってしまうのでしょうか？　これは実験をやってみないと分からないのですが、予想では多くて10%といったところでした。でも、実際のところは分からないので、どのくらいわずかな減少まで観測できるようにするかが、考えどころです。

図11-3　中国（香港の近く）で行われている Daya Bay（漢字で書くと「大亜湾」）原子炉ニュートリノ振動実験の測定器の一つ。タンクの内側にもう一層アクリル製のタンクが設置され、内側と外側ともに液体シンチレータで満たされている。またこのタンク全体はさらに別の大きな水槽に入れられている。この写真と同じ測定器が原子炉の近くに４基、約1.7キロメートル離れたところに４基設置されている。中国科学院高能物理研究所英文ホームページより転載。

研究者は誰でも、できるだけわずかな減少も捕らえられる実験にしたいのですが、そのためには費用が余計に必要です。また実験装置もより慎重に設計・建設しなければいけませんし、装置をつくる時間も多くかかるので、あまり精度のよさばかりを追求していると、他の実験に先を越されてしまうかもしれません。どのあたりに狙いをつけたら、他の実験より先に、第3のニュートリノ振動を発見できるでしょうか。

そこで3カ所の実験は、どのくらい小さいニュートリノ振動まで測定できるようにするか、それぞれちがう目標を立てて準備をしました。つまり、ニュートリノ振動の効果がすごく小さいところまで測定できる装置はそれなりに準備に時間がかかるけれど、ニュートリノ振動の効果が小さければその実験が最初に観測できるので、それを狙うというわけです。ところが、おもしろいことに、3実験はほとんど同時に結果を得ました。いちばん精度よい測定を目指して大規模な実験装置の建設を進めていた中国の実験は、当初はいちばん後になるという予想でしたが、結果は同着、というよりわずかに先着と言ってもいいでしょう。中国の勢いでしょうか。

2012年のニュートリノ国際会議で示されたそれぞれの実験の結果はどれも、原子炉ニュートリノが1〜2キロメートル程度飛行したあとは、反電子ニュートリノの観測数が予想より少ないというものでした。T2K実験と、三つの原子炉ニュートリノ振動実験によって、第3のニュートリノ振動は間違いないものとなりました。

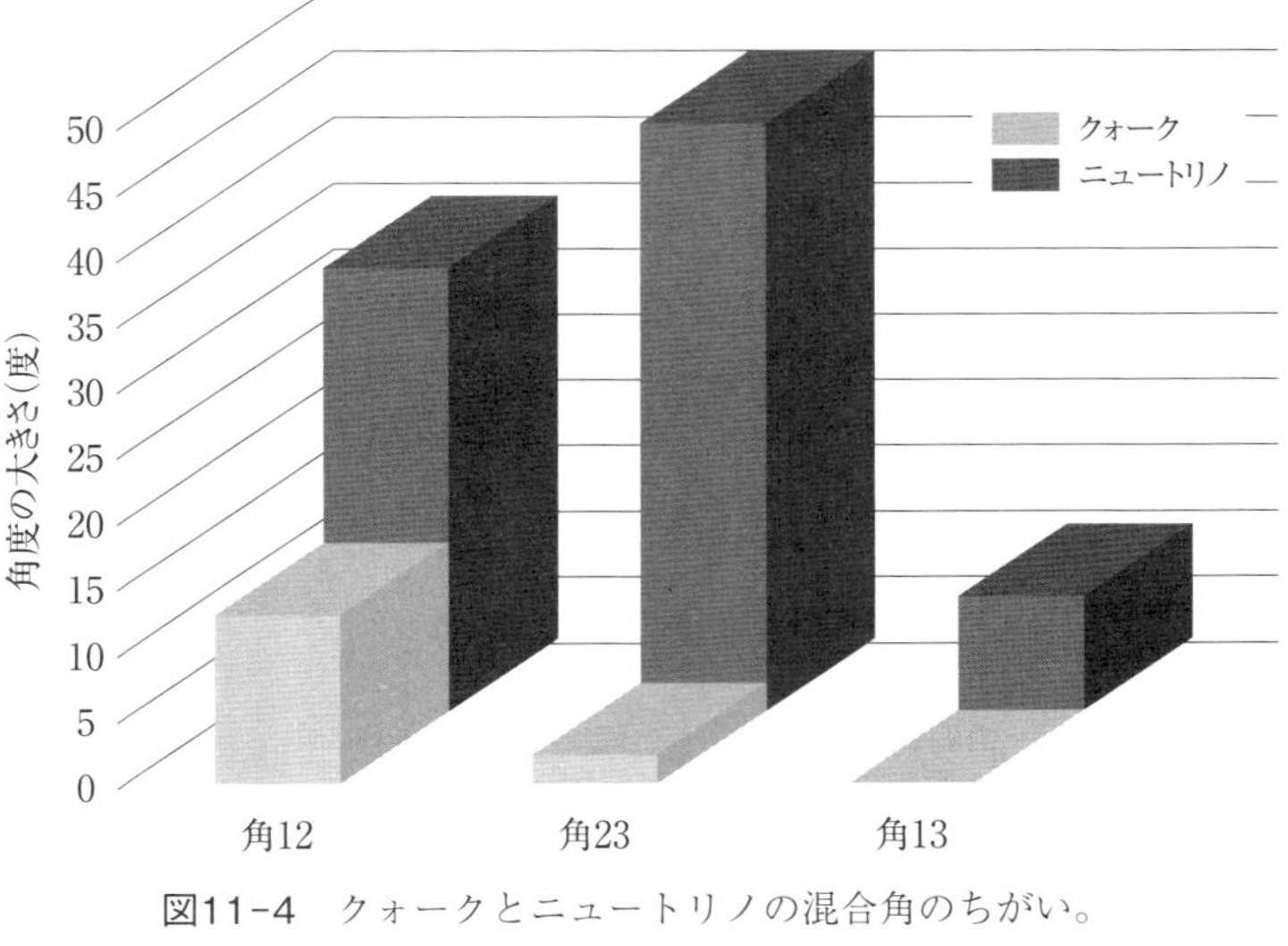

図11-4　クォークとニュートリノの混合角のちがい。

●ニュートリノとクォークの混合角

これらの実験の結果が出そろったので、ニュートリノ間の混ざり具合の全体像をクォークのものと比較してみると、やはりニュートリノ間の混ざり具合はクォークのそれと比べて著しく大きいことが分かります〔図11−4〕。実験が専門の私には、理論のむずかしいことは分からないのですが、これはきっとクォークとレプトンの間の深い関係の理解への手がかりになると期待しています。

3世代のクォークやニュートリノの間の混ざり具合は、3個の角度であらわすことができます。そこでこの図では、それぞれの角度を「角12」(第1世代と第2世代の混合角)、「角23」(第2世代と第3世代の混合角)、「角13」(第1世代と第3世代の混合角)とあらわして、クォークのそれとニュートリノのそれを図にしてみました。一見して、これらの角度が、クォークとニュートリノでは大きくちがうことが見て取れます。

ところで、みなさんお気づきでしょうか？　太陽ニュートリノや大気ニュートリノの異常を発見した実験はそもそも、ニュートリノ振動を調べる目的で始めたものではありませんでした。そのため、特に太陽ニュートリノについて言えるのですが、データが予想と合わないという観測事実が得られてから、さまざまな考察と実験と試行錯誤と、長い年月を経て、観測されたデータの異常はニュートリノ振動によるものと理解されました。

一方、第3のニュートリノ振動は、残されたニュートリノ振動を測定するという明確な目的をもって実験が企画、準備、実行され、そして予想どおりに第3のニュートリノ振動を、四つの実験がおおよそ同時期に発見しました。

科学の発展というのは、最初の手がかりが得られるまでは紆余曲折あっても、ひとたびあるレベルまで達すると、その後の発展のペースはそれ以前とちがうのかもしれません。そしてこう考えると、今後のニュートリノ研究の発展も結構速いペースで進むのかもしれません。もちろん予想されていない新たな驚きがあって、いま思っているようには発展しないかもしれませんが。

●物質でできた宇宙の謎

これまで積み重ねられてきた実験で、宇宙や素粒子の理解は深まりました。しかし、まだ分かっていないことがたくさんあることもはっきりしました。そして、いま行われているニュートリノ実験で、新たな謎がすべて解明されるわけではありません。ですから、その先の実験をどうすべきか、世界中で活発に議論されています。いまの議論の一つの中心は、ニュートリノ振動を非常に精密に測定して、ニュートリノのニュートリノ振動と反ニュートリノのニュートリノ振動にわずかなちがいがあるかどうかを確認しようというものです。

なぜ、このような実験を考えているのでしょうか？

ビッグバン直後の超高温の宇宙には、物質と反物質が同数あったはずだと、考えられています。その後、宇宙が冷えてくるにつれて、物質と反物質は「対消滅(ついしょうめつ)」をつづけ、反物質はすべてなくなってしまいました。そしてわずかに残った物質だけからなる宇宙ができたと考えられています。

もし、物質と反物質を支配する自然の法則が完全に同じならば、対消滅の結果、物質も反物質もなくなって、この宇宙はなにもない宇宙になっているはずです。物質だけが残ったということは、物質と反物質では、自然法則のあらわれ方にちがいがあるはずです。このちがいを「CP対称性の破れ」と呼びます（第2章）。

実際、クォークで「CP対称性」が破れていることは、実験で確かめられています。復習すると、「K中間子」という重い中間子の崩壊の仕方には、「CP対称性」が保たれていたのでは説明できないものがあり、そして、もしクォークが6種類以上あればこの破れは説明されます。この理論を提唱した小林誠、益川敏英両博士が2008年にノーベル賞を受賞したことも、すでに述べたとおりです。

小林・益川理論をベースに「大統一理論」（素粒子の間に働く四つの力のうち、重力をのぞく「弱い力」「強い力」「電磁力」を統一的に記述する理論）と組み合わせて、物質優勢の宇宙を説明する試みは、

１９７０年代の末にさかのぼります。その後の理論的な研究から、クォークのＣＰ非対称性だけでは、いまの宇宙の物質量を説明できないだろうと結論されています。すると、どこか他のところに、物質と反物質の自然法則のちがいを探さねばなりません。

●ニュートリノと物質優勢の宇宙

そしていま、有力と思われているのがニュートリノです。

もしニュートリノのニュートリノ振動と、反ニュートリノのニュートリノ振動にちがいがあれば、それはニュートリノと反ニュートリノの間で自然法則のあらわれ方がわずかにちがうことを意味します。

そのストーリーをかいつまんで説明しましょう。以下の考えは、最初に福来正孝（ふくぎた）（当時京都大学基礎物理学研究所、現在は東京大学カブリ数物連携宇宙研究機構）と柳田勉（前出）によって１９８６年に提案されたものです。ちなみにこの論文は物理関係の専門誌としてはもっとも権威のある『フィジカル・レビュー・レターズ』に投稿されたそうですが、現実的でないとかの理由で却下されたと、福来氏から聞きました。そのため、別な専門誌に掲載されました。

彼らの考えによれば、宇宙がビッグバンの超高温だった時代には、ニュートリノの小さい質量を生み出す非常に重いニュートリノのパートナー（第10章のシーソー機構に出てきた未知の重い粒子です）も、宇宙空間で生成と消滅を繰り返していたはずです。このニュートリノの重いパートナーは不安定ですが、崩壊する際に、わずかに物質粒子に多く崩壊する可能性があります。宇宙が進化して温度が下がる間に、物質と反物質はぶつかって対消滅してしまいますが、重いニュートリノのパートナーが崩壊する際にわずかに多く生成された物質粒子は、その後ビッグバン宇宙が冷えていく中で生き残り、これが現在の宇宙や私たちの身体をつくる物質のもとになりました。この考えが正しいかどうか、実験で確かめられるところは確かめていく必要があります。

ただし、いま述べたニュートリノの非常に重いパートナーはあまりに重く、実験で直接調べることは不可能でしょう。そこで、この仮説を検証するために、いろいろな状況証拠を探して犯人を割り出すという捜査手法を考えていきます。

●ニュートリノは特別な素粒子か?

第2章で述べたように、粒子には反粒子が存在します。−1の電荷を持つ電子の反粒子は+1の電荷を持つ陽電子、+1の電荷を持つ陽子の反粒子は−1の電荷を持つ反陽子です。電荷を持たないニュートリノの反粒子は、やはり電荷を持たない反ニュートリノです。でも、ニュートリノと反ニュートリノは、本当に別の粒子なのでしょうか。ニュートリノも反ニュートリノもともに電荷がないので、同じ粒子だと思ってもいいのではないでしょうか。

ニュートリノと反ニュートリノが異なる粒子だとする考え方を「ディラック型ニュートリノ」、一方、同じ粒子だとする考え方を「マヨラナ型ニュートリノ」と呼んでいます。「ディラック型粒子」は、1920年代に反粒子を予言したポール・ディラックにちなんだ命名です。一方1937年に「マヨラナ型粒子」の理論を発表したエットーレ・マヨラナは、若くして行方不明になってしまい、その後の消息は知られていません。

さて、ニュートリノがマヨラナ型だとすると、これまでに知られている素粒子のうちニュートリノだけが、他の粒子とは性質が異なる特別な粒子ということになります。

第10章で少しだけ説明した「シーソー機構」では、ニュートリノがマヨラナ型であることを仮定して、小さいニュートリノの質量を説明しています。また、宇宙に物質だけが残った謎を解く鍵がニュートリノにある理由も、ニュートリノが特別な粒子（マヨラナ型粒子）であることが鍵になっています。

もしニュートリノがマヨラナ型なら、物質になったり反物質になったりと、入れ替わることができます。この入れ替わりが鍵になって、現在の物質優勢の宇宙ができあがったのかもしれません。ニュートリノはディラック型かマヨラナ型か。これは実験的に確認する必要があります。

では、どのような方法で調べることができるのでしょうか？

この問題も長く議論されてきていますが、現時点で近い将来検証が可能そうな方法は「ニュートリノを放出しない2重β崩壊」を見つけることだとされています。

β崩壊については、第2章で説明しました。これまで書いてきた知識を少し補足して説明し直すと、β崩壊にはすでに触れた「ある原子核中の中性子がβ線（電子）と反電子ニュートリノを放出して陽子に変わり、その結果原子番号が一つ大きい別の原子核に変わる」現象の他に、「ある原子核中の陽子がβ^+線（陽電子）と電子ニュートリノを放出して中性子に変わり、その結果原子番号が一つ小さい別な原子核に変わる」モードもあります。ところが、ある種の特別な原子核は、このよ

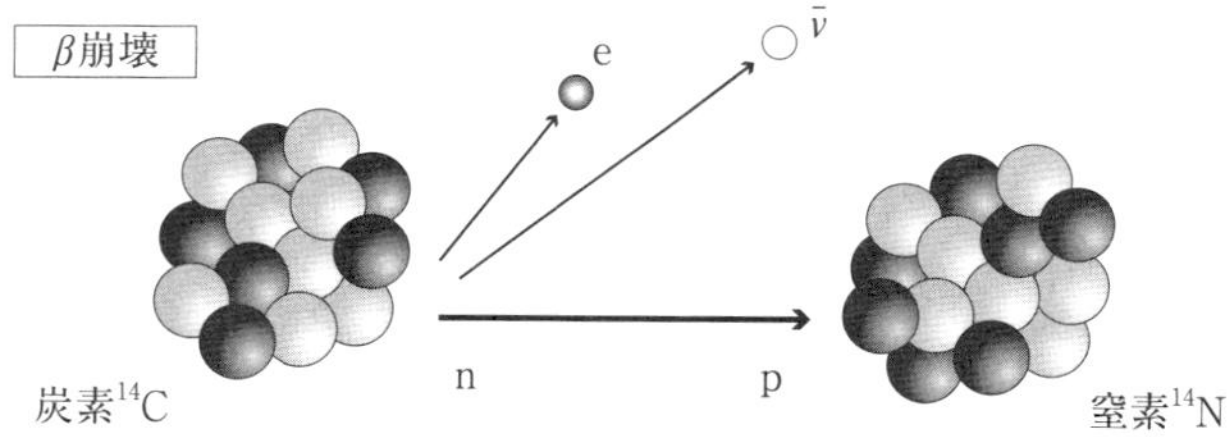

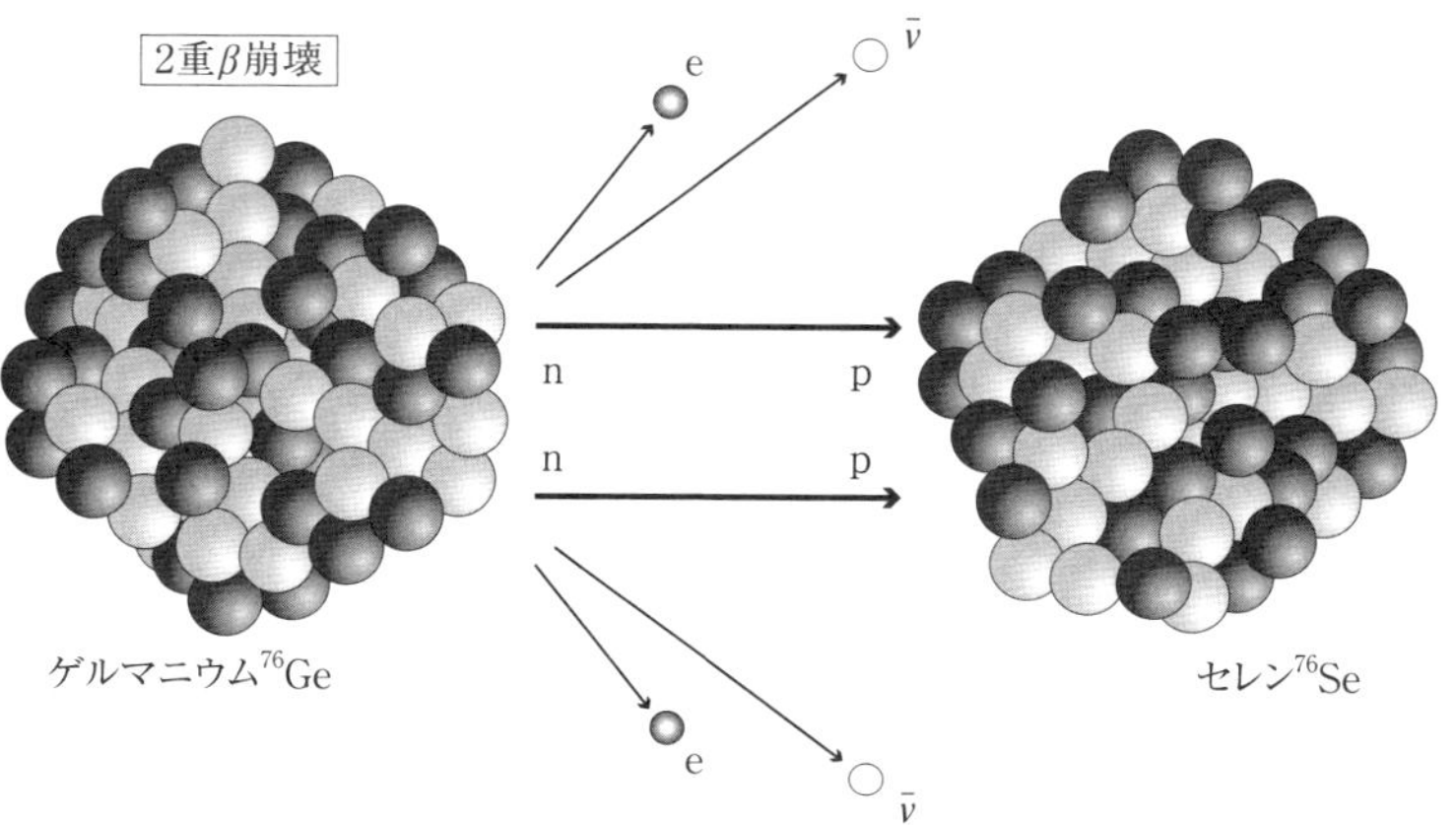

図11-5　ふつうのβ崩壊（上）では、原子核（図では炭素＝^{14}C）中の中性子（n）1個が電子（e）と反電子ニュートリノ（$\bar{\nu}$）を放出して陽子（p）に変わり、原子番号が一つ大きい原子核（図では窒素＝^{14}N）になる。2重β崩壊（下）では、原子核（図ではゲルマニウム＝^{76}Ge）中の中性子（n）2個が同時に2個の電子（e）と2個の反ニュートリノ（$\bar{\nu}$）を放出して陽子（p）に変わり、原子番号が二つ大きい原子核（図ではセレン＝^{76}Se）になる。ローレンス・バークレー国立研究所ホームページ「MAJORANA, the Search for the Most Elusive Neutrino of All」の図をもとに作成。

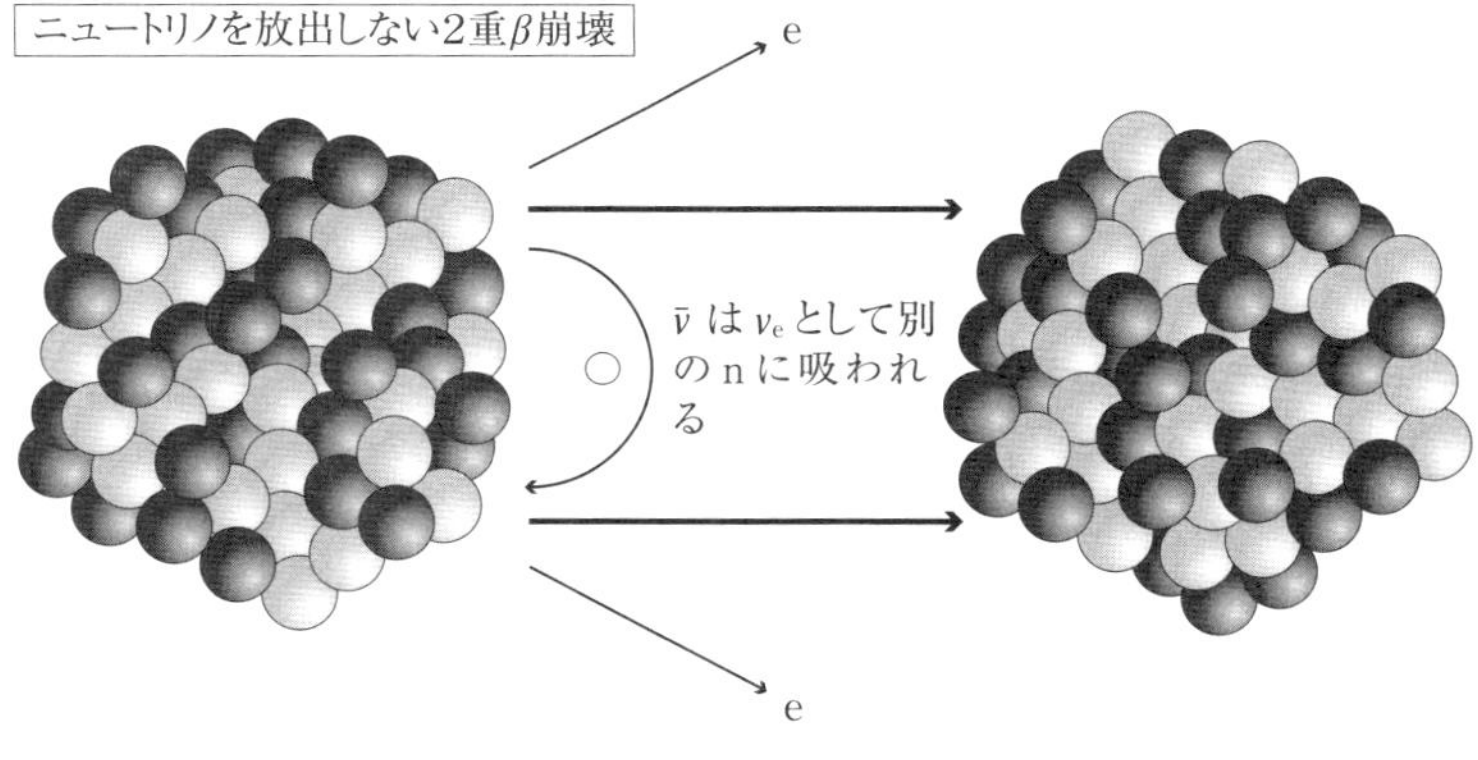

図11-6　ニュートリノ（ν）を放出しない２重β崩壊。２重β崩壊のうちの一つで、中性子（n）から放出された反電子ニュートリノ（$\bar{\nu}_e$）が、電子ニュートリノ（ν_e）として別の中性子（n）に吸われる。その結果原子核内では２個の中性子（n）が陽子（p）に変わり、原子番号が二つ大きい原子核になる。電子２個が放出されるが、ニュートリノは放出されない。ローレンス・バークレー国立研究所ホームページ「MAJORANA, the Search for the Most Elusive Neutrino of All」の図をもとに作成。

うな一般的なβ崩壊の代わりに、２個の中性子がβ線２本と反電子ニュートリノ２個を放出して２個の陽子に変わり、原子番号が二つ大きい原子核になることが、稀にあります【図11－5】。これを「２重β崩壊」と呼び、１９８０年代に直接検出がなされました。２重β崩壊を起こす原子核の寿命は10^{19}年以上と、宇宙年齢の10億倍以上も長いので、近年まで検出がむずかしかったのです。

また、もしニュートリノがマヨラナ型だとすると、２重β崩壊のうちの一つで、中性子から放出された反電子ニュートリノが、電子ニュートリノとして別な中性子に吸われ、その結果電子が飛び出るという現象が、一つの原子核内で発生する可能性もあります。これを外から見ると、原子核が2本のβ線（電子）だけを放出した崩壊が起こったことになります。これがニュートリノを放出しない2重β崩壊です［図11－6］。

この現象を発見するためのさまざまな実験計画が進行中です。日本でも東北大学のカムランドのグループが、装置を改造して、この観測に挑戦しています。大阪大学でも別な装置を建設して、ニュートリノを放出しない2重β崩壊の観測に挑もうとしています。

●次世代のニュートリノ振動実験へ

そしてもう一つの重要な研究が、ニュートリノのニュートリノ振動と、反ニュートリノのニュートリノ振動のちがいの検証です。これを検証する実験はいままでの実験よりさらに大規模なものになり、また世界的な共同実験になるでしょう。具体的には、μニュートリノのビームをつくって、μニュートリノが電子ニュートリノに転移するのを測定する実験を、ニュートリノと反ニュートリノのビームで行って、そのちがいを調べます。

ただ、T2K実験でμニュートリノが電子ニュートリノに転移するのを数年の間に28例測定し、その統計的なふらつきが±5・3例と精度が限られていることを考えると、現在進行中の実験では、ニュートリノと反ニュートリノの振動のちがいをきちんと調べるのは無理かと思います。次世代の実験で使用されるニュートリノ測定器は、「ハイパーカミオカンデ」などと呼ばれ、スーパーカミオカンデを小さいと感じるほどの巨大なものになるでしょう。

あとがき

ニュートリノについて、主に実験を中心に説明してきました。ニュートリノ振動が教えてくれる物理の大切さのため、世界中の研究者がこの問題に真剣に取り組んでいること、そしてこれらの研究の芽の多くが日本から出たことを理解していただければ幸いです。

今後も、ニュートリノの研究を通して、自然界と宇宙の成り立ちについての理解が進んでいくものと思います。

第11章では、今後の研究への期待を込めて、今後考えられる研究について書きましたが、未来の実験ではなにが発見されるでしょう。

考えてみれば、太陽の核融合のようすはニュートリノを使って観測すればよいという考えで始まった太陽ニュートリノ実験が、太陽ニュートリノ欠損を発見し、また陽子崩壊を探すためのバックグラウンドであったはずの大気ニュートリノは、μニュートリノ反応の数が予想とまったく合わないことを発見しました。

これらの二つの予想されなかった実験データを地道に理解しようとして、最終的にニュートリノ振動が発見されました。ニュートリノ振動は理論的には予言されていた現象でしたが、発見されてみると、ニュートリノ混合が大きいということを知り、私たちに新たな問題をつきつけています。未来の実験もきっと、いまの私たちが思いつかないようなまったく新しい発見がなされて、私たちが自然と宇宙のことをより深く理解するきっかけを与えてくれるのではないかと、ひそかに期待しています。

もちろん、ニュートリノの研究以外からも重要な発見がなされるであろうことは間違いないと思います。

私は実験的な研究をしてきたので、主に実験のことを書きました。残念ながら理論のことをどうこう言えないので、理論の話は限られたことしか書いていませんが、それでも、いろいろな得意分野を持った人がいて、理論と実験が相互に刺激しあって、全体として自然の理解が進むことを、少しでも実感してもらえたら嬉しく思います。

また、みなさんの中に、この本を読んで自然科学の研究に興味を持って、研究に参加してくださる人がいれば、ことのほか幸いです。

2015年11月

梶田隆章

■著者

梶田隆章（かじた・たかあき）

1959年生まれ。宇宙物理学者。東京大学宇宙線研究所所長。史上初めて、銀河系外から飛来した「超新星ニュートリノ」を観測した「カミオカンデ実験」、それまで質量ゼロと考えられてきたニュートリノに「質量がある」ことを明らかにした「スーパーカミオカンデ実験」に参加。1998年、ニュートリノ質量の発見を、研究グループを代表して国際会議で発表した。1999年、仁科記念賞、2010年、第1回戸塚洋二賞、2012年、日本学士院賞受賞。2015年、文化勲章受章。2015年、「ニュートリノ質量の存在を示すニュートリノ振動の発見」により、アーサー・B・マクドナルド（SNO実験）とともに、ノーベル物理学賞受賞。

ニュートリノで探る宇宙と素粒子

発行日――2015年11月20日　初版第1刷

著者――梶田隆章
発行者――西田裕一
発行所――株式会社平凡社
〒101-0051 東京都千代田区神田神保町 3-29
電話　(03) 3230-6593［編集］
(03) 3230-6572［営業］
振替　00180-0-29639
平凡社ホームページ　http://www.heibonsha.co.jp/
装幀・DTP――矢部竜二
印刷――株式会社東京印書館
製本――大口製本印刷株式会社

ISBN978-4-582-50305-0　NDC 分類番号 429.6
四六判（18.8cm）　総ページ 248

索 引

さ行

た行

な行

は行

ま行

や行

ら行